KB236044

홍미애의

집

그리고

살림

홍미애의

집

그리고

살림

— 집 고치고, 밥 짓는 여자 —

홍미애 지음

RHK
알에이치코리아

Recommendation

그녀는 감각적이다. 그 손길이 그녀의 스타일을 말해준다. 품격 있는 멋을 빚어내는 창조자인 그녀의 책을 추천한다.

스타일리스트 정윤기

인테리어와 생활 소품에 관심이 많다 보니 예쁜 것만 보면 흠뻑 빠지고 만다. 이것이 내가 홍 대표와 만나게 된 계기가 됐다. 홍 대표가 운영하는 '마리아쥬 드 미에'에 들어선 순간, 더없이 편안함을 느꼈다. 사람 또한 편안하다. 이번에 책을 낸다는 소식을 듣고 참 잘했다 싶은 생각이 들었다. 재능은 나눌 때 빛을 발한다. 집을 예쁘게 꾸미고 싶은 이들에게 큰 도움이 될 듯하다.

연기자 박정수

홍미애 대표가 '한국의 마사 스튜어트'라고 해도 과언이 아님을 잘 보여주는 책이다. 이 책을 통해 숍에서 다 선보이지 못한 진정한 '미애 스타일'을 만나보길 바란다. 테이블 세팅과 데코 아이디어, 건강하고 맛있는 식단, 홍미애식 식물 데코, 똑똑한 수납 요령까지 알차게 담았다. 건강하고 아름답고 현명하게 사는 삶에 대해 언니처럼, 엄마처럼 요모조모 살뜰히 전하는 그녀의 책은 느긋한 마음으로 음미하며 하나하나 따라해보면 좋을 것 같다.

리빙 큐레이터 김미진

해도 해도 끝이 없고 귀찮기는 하지만 누군가에게는 늘 새롭고 재미난 일상이 바로 살림이다. '마리아쥬 드 미에' 홍미애 대표는 살림의 격을 높이는 사람이다. 유리병에 꽃 한 송이 꽂는 일도, 보송한 타월을 수납하고 식탁에 된장찌개를 올리는 일도 그녀의 손길이 닿으면 감각적인 스타일링이 된다. 그런 홍미애 대표가 자신의 라이프스타일에 관한 이야기를 한 권의 책으로 풀어놓았다는 소식이 들려온다. 반갑고 기대된다.

〈리빙센스〉 편집장 이은숙

홍미애 대표는 탁월한 미감의 살림 고수다. 요긴하고 디자인도 아름다운 물건을 골라내는 안목에 스타일링 감각까지 훌륭해서 그녀의 손이 지나간 자리는 반짝반짝 빛이 난다. 음식에 대한 식견도 수준급 셰프 못지않다. 뿌리채소로 건강차를 만들고, 건어물 하나를 고르는 눈썰미도 탁월하며, 그녀가 주문해 먹는다는 어묵은 특급 요리의 재료가 된다. 혼자 알기 아까운 그녀의 살림 솜씨를 담은 책이 나온다니 집안일에 재미 못 붙인 친구들, 결혼 앞둔 후배들에게 한 권씩 선물해야겠다.

〈레몬트리〉 편집장 안지선

그녀의 공간에서 묻어나는 우아하고 세련된 무드는 보통 사람들이 가질 수 없는 것임을 본능적으로 알 수 있었다. 홍미애 대표가 직접 만든 의상과 침구는 에르메스나 로로피아나가 부럽지 않을 만큼 클래식하고 고급스럽다. 그 취향에 반한 나로서는 그녀의 멋스러운 감각을 더 많은 이들이 공유할 수 있는 단행본 발행이 반가울 수밖에. 백화점과 멀티숍이 말해주듯 앞으로의 마켓은 라이프스타일이 리드하게 될 것이다. 따라서 라이프스타일 분야야말로 스타일링이 필요한 시대가 도래했고, 홍미애 대표의 활약이 더욱 기대되는 이유다.

〈바자〉 편집장 전미경

살림이야말로 무언의 이야기이며 상호작용이 가능한 일종의 터치touch다. 그 생각에 확신을 심어준 이가 바로 '마리아쥬 드 미에'의 홍미애 대표다. 이 책에는 내추럴 본 스타일러인 홍 대표의 취향은 물론 라이프스타일 컨설턴트로서의 오랜 노하우가 가득하다. 그릇 하나 허투루 들이지 않는 그녀의 소장품과 희귀한 컬렉션을 만나는 재미도 쏠쏠할 것 같다. 이제 우리에게 남은 건 이 호사를 기꺼이 즐기는 일. 어렵지 않다. 홍미애 대표가 전하는 메시지에 귀 기울이고 마음을 맡기기만 하면 된다.

〈까사리빙〉 편집장 최미선

Contents

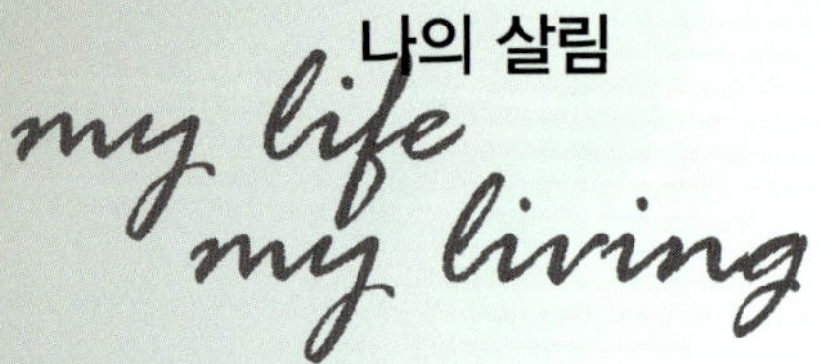

나의 살림
my life
my living

건강한 음식
*my kitchen
my food*

* 책에 소개된 제품은 모두 홍미애 씨가 소장하고 있는 것들입니다.

Prologue

집과 여자는 가꾸기 나름

어릴 적부터 내 어머니는 살림과 집을 여자에 비유하시며 집과 여자는 늘 예쁘고 단정하게 가꾸어야 한다고 당부하셨다. 물론 당신도 옷매무새 하나 허투루 하지 않으셨다. 음식은 항상 정갈하게 담아내야 하며, 물 한 잔도 7부 정도만 부어 쟁반에 받쳐 예쁘게 내라고 일러주셨다. 그런 어머니를 보며 자란 덕분에 나 역시 주변을 가꾸는 걸 즐겼다. 20대 때는 몸치장을 하는 게 전부였지만 결혼을 한 뒤에는 자연스레 집 안 공간과 살림으로 관심이 확장되었다. 주방 수납장에 수저를 넣어도 가지런히 분류해놓았고, 옷장에 셔츠 하나도 단정하게 정리해 넣었다.

내 손으로 집을 고치다

결혼을 해 시부모님 슬하에 살다가 8년 만에 분가가 결정된 날, 처음으로 내 집을 갖고 내 손으로 집 안을 단장할 수 있다는 생각에 무척 설레었다. 어떤 집으로 꾸미면 좋을까 많이 고민했다. 그동안 여행을 다니면서 많은 집을 구경하고 촬영해 모은 사진 자료와 수년간 세계 곳곳에서 받아 본 리빙 잡지를 다시금 꺼내 꼼꼼히 살폈다. 어릴 때부터 영화를 보다가 아름답고 웅장한 저택이 나오면 놓치지 않고 찍어둔 사진도 꺼냈다. 푸른 초원 위 집, 지중해의 어느 별장, 유럽의 아름다운 저택……. 그간 촬영해둔 사진들을 보며 그 멋스러움을 고스란히 내 집에 옮겨놓고자 했다. 그렇게 밤새도록 뜬눈으로 지새우며 각국을 다니면서 찍고 모은 사진 자료와 리빙 잡지를 침대 옆 협탁에 잔뜩 쌓아놓고 들여다보기 시작했다.

한참을 고민한 끝에 가족을 위해서 건강하고 아름다운 집을 내 손으로 직접 완성해야겠다고 마음먹었다. 오래오래 길들여 쓰고 싶은 생각에 순수 원목을 사용하기로 결정했다. 목재에 대한 공부를 시작하고 단독주택이 아닌 아파트 안에서 자연과 함께할 수 있는 공간을 꾸미기 위해 나무의 성질을 살피고, 또 어떤 칠을 해야 나무의 질감을 제대로 살릴 수 있는지 백방으로 뛰어다니며 전문가들을 만났다. 그렇게 쉼 없이 뛰어다닌 덕분에 3개월이 넘는 시간을 거쳐 나무로 꾸민 아름다운 우리 집이 탄생했다.

평범한 주부에서 인테리어 전문가로

3개월 넘게 개조를 진행하면서 오직 가족만 생각했다. 아내로서, 두 아이의 엄마로서 남편과 아이들에게 최고의 선물을 안겨주고 싶었다. 집 안 구석구석 내 손길이 닿지 않은 부분이 없을 정도로 열정을 다했다. 평범한 주부가 두 팔 걷어붙이고 직접 집을 고쳤다는 이야기가 부산 주부들 사이에 입소문이 났다. 그리고 지인들의 부탁을 하나하나 받으며 집 단장하는 일을 업으로 삼게 되었고 결국엔 '위드리빙'이라는 건설회사까지 설립하기에 이르렀다. 평범한 주부였던 사람이 그렇게 전문가가 되어버렸다. 참 감사한 일이다. 20년 전 가족을 위해 건강하게 만든 집 덕분에 일을 시작할 수 있었고 이후 셀 수 없을 만큼 많은 집들이 내 손에 의해 새로운 공간으로 재탄생했다.

집에 대한 모든 것을 매만지는 전문가

집을 짓고 고치는 일을 하다 보니 나를 믿고 가구며 패브릭, 심지어 숟가락 하나까지 스타일링을 부탁하는 분들이 많아졌다. 집들이 상차림은 물론 파티 스타일링에 놓을 꽃 한 송이조차도 의뢰가 들어왔다. 그리고 패션에도 관심이 많아 '메세지 드 미에'라는 패션 브랜드를 운영하기도 했다. 그리고 해외에서 공부를 마치고 돌아온 딸의 제안에 건축, 홈 스타일링, 카페 등 라이프스타일에 필요한 모든 것을 담은 '마리아쥬 드 미에'라는 주식회사를 세웠다. 마리아쥬mariage는 프랑스어로 '결혼'을 뜻한다. 남녀가 만나 결혼을 하면 가장 먼저 집을 장만한다. 그래서 그 안에 들어가는 모든 것을 해결할 수 있는 곳이라는 뜻으로 지은 이름이다. 그리고 편안히 휴식하는 공간인 카페도 열었다.

인테리어 디자이너, 패션 디자이너, 살림 스타일링 강사, 카페 주인, 그리고 1년 전부터는 월간 리빙 잡지 〈레몬트리〉에 고정 연재 칼럼의 필자도 맡고 있다. 한 남자의 아내로 두 아이의 엄마로도 충분히 바쁜 사람이 거친 현장에서 먼지 마셔가며 일을 하고, 전국을 누비며 살림법을 강의하는 등 눈코 뜰 새 없이 사니 가족들의 걱정이 이만저만 아니다. 하지만 사랑하는 남편과 든

직한 아들 경훈, 내 모든 것을 주고 싶은 딸 예원에게 부끄럽지 않은 아내, 엄마가 되기 위해 나는 오늘도 남보다 더 이른 아침에 하루를 시작한다. 그리고 매일 아침, 앞으로도 변함없이 지금까지 해온 것처럼 최선을 다하겠다고 기도한다.

이 한 권의 책에 내 30년 살림살이의 역사를 풀어놓고자 했다. 앞으로도 지금처럼 나를 찾는 모든 분들에게 따뜻한 온기와 행복을 가져다주고, 건강한 집과 먹을거리, 아름다운 삶을 함께 나눌 수 있기를 소망해본다. 그리고 마지막으로 이 책을 위해 애써주신 분들께 깊은 감사를 전한다.

홍미애

어서 오세요,
홍미애의 집에 오신 것을 환영합니다.

우리 집은 탁 트인 해운대 바다가 병풍처럼 펼쳐지고
초록 잎이 가득한 동백섬을 앞마당처럼 두고 있어요.

1년 내내 눈앞에 푸른 바닷물이 찰랑이고
사계절 내내 동백의 싱그런 잎을 보고 만지며 살지요.

집 안 구석구석을 꾸미고
가족을 위해 건강한 밥상을 차리는 주부,

집을 건강하게 바꿔 고치고
홈 스타일링을 하는 리모델링 전문가,

집과 옷을 디자인하는 디자이너,
살림법을 가르치는 강사…….
그러고 보니 참 여러 가지 일을 하고 있었네요.
제 인생에서 일관되게 지향하는
믹스매치와도 일맥상통합니다.

저는 집을 꾸미고 밥상을 차릴 때도
한 가지 스타일만 고집하지 않고
서로 달라도 물 흐르듯 한데 섞여
둥글둥글 서로 어우러지는 꾸미기를 좋아해요.

그래서 우리 집 거실에는 우리나라 골동품 궤짝도 있고,
인도네시아산 모던 수납장도 있고,
영국에서 온 앤티크 장식장도 있지요.
밥상에는 유럽풍 그릇과
우리 고유의 유기나 청자가 같이 오르기도 하고요.
포크와 젓가락이 나란히 놓이기도 하지요.

요즘 믹스매치 스타일이 대세라던데
제가 추구해온 것들이 유행이 되었네요.

Mariage de Mïe

본래 저는 평범한 전업 주부였어요.
그런데 손수 집을 뜯어고치면서 제 삶이 달라졌답니다.
건축을 전공한 적도, 인테리어를 해본 적도 없었지만,
주부로서 실생활에 편리한 집 구조며 동선,
실용적인 수납이 뭔지 잘 알기에 그대로 반영해 집을 열심히 고쳐봤어요.
신기하게도 이런 얘기가 입소문이 났고 지인들의 부탁으로
남의 집까지 하나 둘 손봐주기 시작했죠.

어디서 이런 능력이 생겼나 곰곰이 생각해보니
'딸은 엄마를 닮는다'는 말처럼
바지런한 몸놀림과 타고난 눈썰미에 여문 손끝까지
친정어머니를 꼭 빼닮았더군요.

그런 어머니의 감각이 제 아이한테까지 전해졌는지
딸아이는 패션 공부를 하더니 패션 일을 하고 있네요.
그리고 지금은 제가 꿈꾸는 일의 조력자이자
제 미래, 제 희망이 됐답니다.

그러고 보니
'엄마한테는 딸이 있어야 한다'는 말도
참말이네요.
딸아이와 함께한 뒤로
제 일과 살림이 더 단단해졌으니 말이죠.

집을 고치고, 살림에 푹 빠져 사는
제 이야기 한번 들어보실래요?

my home, my space

나의 집, 나의 공간

삶의 방식과 태도는 사람마다 다르지만 집은
누구에게나 휴식과 행복이 머무는 공간이고
오롯이 그 역할을 수행해야 하는 곳이다.
따라서 집은 건강한 자재로 틀을 짜고
편안함으로 내부를 채워야 한다.
처음 내 집을 갖게 된 20년 전, 아파트를 리모델링하고 싶었지만
원하는 스타일을 이해하는 인테리어 전문가를 만나지 못했다.
그래서 건축을 전공하지도, 인테리어 시공도 해본 적 없는
평범한 주부였던 내가 직접 집을 고치기 시작했고,
지금은 리모델링은 물론 집 안을 꾸미고 가꾸는
인테리어 전문가가 되었다.

홍미애의 해운대 아파트

결혼해서 한동안 시부모님 댁에 들어가 살았다.
그러다 20년 전 분가해 처음으로 내 집을 얻게 됐다.
여기저기 입소문난 리모델링 업체의 문을 두드려봤지만
그동안 꿈꿔온 집을 현실로 재현하기가 쉽지 않았다.
결국 남의 손에 허투루 맡길 수 없다는 생각에
직접 나서보자 마음먹었고 그렇게 집 고치기를 시작했다.

홍미애의 집 그리고 살림

단독주택의 추억을 담은 집

어린 시절 우리 집 대문 담벼락에는 덩굴장미가 풍성하게 늘어지고 마당에는 모과나무, 석류나무, 작약이 나란히 줄지어 있었다. 그리고 집 안은 높은 천장에 웅장한 원목 기둥이 가지를 뻗어 멋지게 조화를 이룬 모습이었다. 지금 사는 곳은 어린 시절의 집처럼 멋진 정원이 딸린 큰 주택은 아니지만, 아파트라는 정해진 규격의 공간에서도 어린 시절의 따스한 추억이 서린 단독 주택의 분위기를 내고자 했다.

소중한 가족이 머무는 곳인 만큼 편안하게 숨 쉬고 건강하게 쉴 수 있는 공간으로 꾸미고 싶었다. 그래서 자연과 가장 가까운 소재인 나무로 집 안의 틀을 짜고 디자인해 내 집을 완성했다.

크림화이트와 크래커 색으로 멋을 내고 거실, 침실, 주방, 아이들 방 천장에는 건강한 미송으로 모양을 꾸며 붙였다. 또 천장 끝까지 닿아 웅장함을 뽐내는 중문으로 공간을 나누었다. 각 실마다 천장과 문을 다르게 디자인했다. 바닥도 나무로 시공해 맨발로 디뎌도 온기가 느껴지고 겨울에 따뜻하게 난방이 들어오면 깜빡 잠이 들 정도로 아늑하다. 부드러운 크림화이트와 잘 구운 크래커 색은 우아하면서 편안한 분위기를 자아낸다.

집 안의 틀이 된 미송

인테리어 소재가 점점 심플해지고 자연 소재를 날것 그대로 즐기는 사람들이 늘고 있다. 이렇게 자연에 대한 관심이 끊임없는 가운데 늘 빠지지 않는 소재가 바로 '나무'다. 나무는 건조법과 가공법이 까다로운 만큼 고유의 질감과 색감 그대로 사람을 편안하게 하고 건강하게 만든다.

나는 천장부터 바닥까지 집 안을 나무로 꾸미기로 결정하고 마음에 드는 목재를 찾아다녔다. 그런데 국내외 인테리어 잡지와 책을 손에서 놓지 않고 즐겨 본 까닭에 안목이 생긴 터라 맘에 쏙 드는 목재를 고르기 쉽지 않았다. 그러던 중 결이 곱고 견고하며 건강한 천연 원목인 미송을 알게 되었고, 당시 국내에서는 구할 수 없는 북아메리카 미송을 직접 통관 절차까지 밟아가며 수입해 들여왔다. 집 마룻바닥은 옹이가 많은 프랑스산 목재로 시공했는데, 옹이 무늬는 나무의 자연스러운 멋을 한층 더 살려준다. 이때 마루는 바닥에서 $0.1\,cm$ 정도 완충재를 사용하고 본드 시공이 아닌 건강한 현가식(조립식) 시공을 선택했다. 이렇게 하면 발바닥도 편안하고 난방 효과도 더 크다.

미송은 긴 목재를 얻을 수 있는 장점이 있지만, 더러움이 잘 타고 진이 나오며 갈라지기 쉬운 약점도 있다. 그래서 이런 미송의 단점을 보완하고 장점을 살릴 수 있는 방법이 없을까 고민했다. 미송을 건조실에 넣어 수분을 빼고 온도 조절을 하는 등 수차례 연구한 끝에 오랜 시간이 지나도 뒤틀림 없는 미송 가공법을 찾아냈다. 열 길 물속은 알아도 한 길 사람 속은 모른다는 옛말이 있다. 나무가 딱 그렇다. 나무 속은 아무도 모른다. 나무의 성질도 사람의 성격처럼 제각기 다르다. 페인팅을 하면 컬러를 빨아들이는 속도도 다르다. 그래서 나무로 집을 짓고 가구며 문을 만들려면 차분함과 끈기가 필요하다.

홍미애의 집 그리고 살림

유럽 주택 분위기를 내는 천장과 중문

미송을 사용해 현관 전실, 거실, 주방, 침실 등 각 공간의 천장을 시공하고 중문도 만들어 달았다.

나는 줄곧 천장이 높은 주택에 살아서인지 아파트의 낮은 천장이 답답했다. 그래서 천장을 더 높여야겠다고 마음을 먹고 본격적으로 공사를 시작해 뜯어보니 스프링클러가 떡하니 자리 잡고 있었다. 결국 소방서에 허가를 받고 전문가를 섭외 해 스프링클러를 교체한 끝에 천장을 10cm 정도 올릴 수 있었다. 한 뼘도 안 되는 차이지만 단독주택의 분위기를 내기에 충분했다. 천장의 모양은 지중해식 나무 짜임으로 디자인하고, 공간별로 나무 중문을 만들어 달아 더 넓고 아늑한 분위기를 살렸다. 현관문에서 거실로 들어오는 입구, 부부 침실과 욕실, 드레스룸을 잇는 공간에 중문을 설치하니 유럽식 주택 분위기에 실내 온도 유지 효과까지 덤으로 얻을 수 있었다. 겨울엔 더 따뜻하고, 여름엔 더 시원하게 지내게 되었다. 결론적으로 각 공간마다 디자인을 달리한 천장과 중문 그리고 문손잡이까지 집 안 인테리어의 포인트가 됐다.

홍미애의 집 그리고 살림

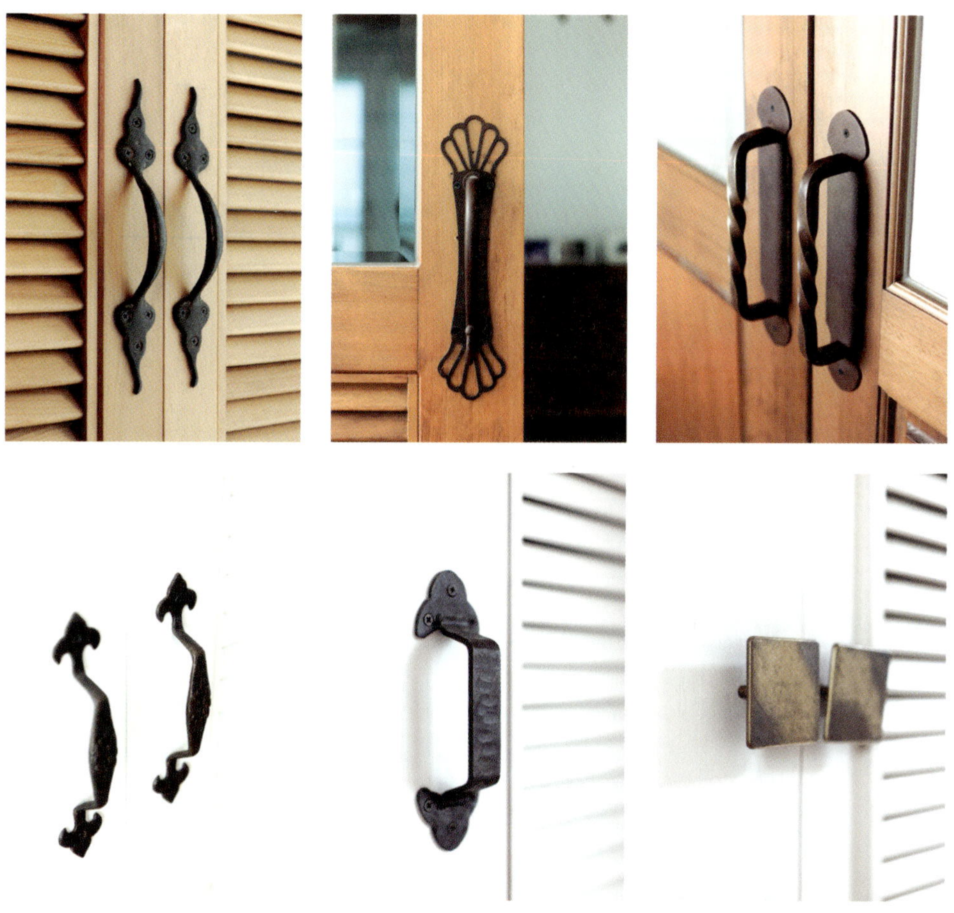

해운대 집의 중문과 붙박이장의 손잡이들. 자주 열고 닫는 중문의 경우 디자인도 중요하지만 손잡이의 그립감을 고려해야 하므로 손으로 잡았을 때 튼튼하고 묵직한 느낌이 드는 것을 골라야 한다. 지금 집에서 사용하고 있는 손잡이는 유럽의 철물점에서 사온 것과 20년 전 동대신동 아파트를 직접 꾸밀 때 서울의 철물 디자이너에게 의뢰해 맞춘 것들이다. 그때의 인연으로 요즘 인테리어 시공을 맡은 집의 손잡이도 전문 철물점인 이곳에서 맞춘다.

메인 컬러는 크림화이트와 크래커

자연에 가장 가까운 색인 크림화이트를 주조색으로 브라운, 베이지 등 자연색을 가미해 전체적으로 차분하고 편안한 느낌을 냈다. 공간 전체가 조화를 이루고 아름다운 이유는 자연 그대로의 패턴과 색채를 기본으로 활용한 까닭이다. 벽지도 나무의 결과 색깔을 닮은 톤 다운된 크림 또는 베이지를 선택했다.

화이트 컬러도 다양한 톤이 있다. 나는 그중 고급스럽고 온화한 분위기를 내는 크림화이트를 즐겨 쓴다. 수십 년간 화이트를 사용하다 보니 이제는 한눈에 찾아내지만, 초보 시절엔 다양한 화이트에서 이 색을 찾는 게 쉽지 않았다. 그래서 터득한 방법이 A4 용지를 활용한 비교법이다. 광택이 있는 A4 용지를 기준으로 그것보다 자연스러운 발색에 베이지색보다는 연한 화이트를 고르면 된다.

나의 집, 나의 공간

공간의 분위기를 좌우하는 조명

건물을 건축하거나 실내 인테리어 작업을 하고 난 뒤 마무리는 조명으로 한다. 하지만 우리 생활에서 조명은 우리의 시선보다 높은 곳에 위치하다 보니 자칫 그 중요성을 잊기 쉽다. 조명은 집 안의 조도(조명의 밝기)를 맞추는 것은 물론 모든 가구와 소품이 주는 분위기와 그 빛 아래에 있는 사람의 마음까지도 변화시킨다. 가장 손쉽게 공간의 분위기를 바꿀 수 있는 아이템이며, 특별히 기억에 남는 공간일수록 조명이 남다르다. 조명 기구와 조도의 선택이 중요한 까닭이다.

지금 집에서 사용하는 대부분의 조명 기구들은 예전 집에서 사용하던 걸 가져온 것이다. 행여나 깨질까 염려되어 이삿짐센터에 맡기지 않고 남편과 같이 열흘 동안 내내 밤마다 포장하고 직접 옮겼을 정도로 애착이 각별하다. 침실 한쪽에 있는 등은 여든을 훌쩍 넘긴 영국 앤티크 제품이고, 욕실 입구의 전실등은 전에 살던 동대신동 집에서 10년 동안 식탁등으로 사용하다가 다시 재활용한 것이니 20년이나 됐다. 그나마 최근 것이 5년 전에 산 식탁등이다.

mie's tip

조명 잘 선택하기

조명 기구를 고를 때는 디자인도 중요하지만 먼저 조명을 배치할 장소의 특징을 알아야 한다. 어떤 공간에 어떤 기능을 목적으로 사용하느냐에 따라 디자인을 택하고 조도를 맞춰야 하기 때문이다. 또 조명 기구의 크기도 매우 중요하다. 조명 기구는 천장까지의 높이와 그 공간의 넓이에 따라 달라야 한다. 나는 인테리어 시공을 할 때 각 공간에 맞는 조명을 미리 생각해놓고 천장의 모양과 높이를 따져 디자인한다. 또 간접조명을 설치할 때는 회로를 많이 잡아서 원하는 대로 조도를 조절할 수 있도록 한다. 그러면 때에 따라 집 안의 분위기를 다양하게 연출하는 게 가능하다.

공간별 조명 매칭하기

거실은 밝지만 온화한 분위기를 내는 황색 조명을 사용하고, 침실은 편안한 분위기를 위해 너무 밝지 않은 은은한 황색 조명을 선택한다. 침대 옆에는 불빛이 바로 눈에 닿지 않는 높이의 보조 조명을 설치해 원하는 밝기로 조절하는 것도 방법이다. 서재나 공부방은 빛이 흩어지거나 그림자가 생기지 않도록 간접조명을 선택한다. 이때 메인 조명은 황색을 선택하되 너무 밝은 것은 피하고, 책상에 스탠드를 놓거나 보조 조명으로 눈이 편안한 밝기로 조절하는 것이 좋다. 주방과 다이닝룸의 조명은 각기 다르게 설치해야 한다. 다이닝룸은 식탁 위를 밝게 포인트를 주면서 전체적으로 부드러운 분위기를 내고 음식의 빛깔을 돋보이게 하는 황색 조명이 적당하며, 주방의 조리 공간은 식재료가 잘 보일 수 있도록 조리대 쪽으로 밝은 조명을 설치하는 게 좋다.

1. 침실 한쪽 간이 책상 위에 달아놓은 프랑스 앤티크 등이다. 80년 된 이 앤티크 등은 내가 사용한 지도 벌써 20년이나 됐다. 부드러운 빛을 내어 책상 위 스탠드 대용은 물론 침실의 사이드 조명 역할을 톡톡히 한다.

2. 이탈리아 여행길에 구입한 것으로 17년간 사용했다. 우리 집에 있는 조명 기구들은 모두 오래됐지만 한 번도 고장 난 적이 없다.

3. 거실 벽등. 지인이 밀라노에서 사온 것을 보고 마음에 들어 구입했다.

4. 이탈리아 도자기에 그림을 그린 투각 제품. 전에 살던 아파트에서 식탁등으로 10년간 사용하던 것을 떼어와 파우더룸에 설치했다.

5. 딸아이 방 한쪽에서 스탠드 역할을 하는 조명으로 아주 작아서 앙증맞고 사랑스럽다. 게다가 엄청 밝다.

6. 내가 아끼는 조명으로 우아하면서도 앤티크한 멋스러움을 지녔다. 현재 식탁등으로 사용하고 있다.

7. 20년 된 거실등은 부드러운 간접조명으로 거실 분위기를 따뜻하게 연출한다.

유럽의 앤티크 가구와 모던한 인도네시아 가구가 짙은 나무색이라는 코드 하나로 잘 어우러져 있다. 디자인이 달라도 한 가지 코드만 통일해 맞추면 무엇이든 하나로 조화를 이루는 법이다.

스타일이 다른 가구는 색상을 통일

우리 집 가구를 보면 세트라는 개념이 없다. 우리나라 골동품 궤짝부터 유럽의 앤티크 가구와 프랑스의 아브라망트Abramante, 이탈리아 아르카Arca, 영국의 에콜Ercol, 인도네시아 가구가 한데 섞여 있다. 제작한 나라가 다르고 디자인이 달라도 색상만 통일하면 스타일링의 완성도는 100% 이상이다. 갖가지 다른 모양이지만 하나도 어색하지 않고 멋스러우면서 고급스럽게 어우러진다.

지금 사용하는 가구 대부분이 20년 가까이 된 것들이다. 가구는 한 번 사면 최소 10년 이상 사용하므로 구입할 때 쉽게 질리지 않고 기능에 충실한 것을 고르는 게 요령이다. 나는 유럽 앤티크 가구와 우리나라 고가구를 즐겨 사용한다. 이런 클래식한 가구들과 오랫동안 사용해서 손때가 묻은 가구들은 대부분 짙은 나무색을 띠는데, 이런 색은 포근하고 아늑한 느낌을 주는 효과가 있다. 하지만 자칫 공간이 비좁고 답답해 보이는 단점도 있다. 이런 답답함은 화이트 톤 패브릭이나 소품을 매치해 해소할 수 있다.

가구는 배치 또한 중요하다. 가구 배치에는 특별한 노하우가 없다. 다만 어색함이 없어야 하고, 동선과 창·문의 위치를 고려하여 원하는 곳에 직접 배치해봐야 한다. 생각이 많으면 생각에서 끝난다. 그러니 생각은 짧게 하고 눈으로 보고 행동으로 옮기자. 이리저리 옮겨보고 눈으로 답을 찾으면 된다. 반복되는 작업 속에서 가구 배치는 점점 수월해지고 어느 순간 가구가 놓일 자리가 저절로 눈에 들어올 거다.

1. 다이닝룸에 있는 아르카 식탁은 평소에는 6인용으로 사용하고, 손님 여럿을 초대했을 때는 양끝을 늘려 10~12인용으로 쓴다.

2. 침실 한편에 놓아둔 서랍장으로 상판과 서랍 중앙에 있는 조각 무늬는 손으로 하나하나 깎아 작업한 것이다. 맨 위 서랍에는 테이블 매트 등이 들어 있고 나머지 서랍장은 자잘한 패브릭 소품으로 가득 차 있다.

3. 파리의 마레 지구를 돌다가 어느 작은 소품 숍에서 만난 100년이 넘은 앤티크 책상이다. 팔지 않는다는 걸 사정사정해서 구입했다. 내가 사용한 기간만 벌써 20년째. 여기에 앉아 일기도 쓰고 책도 읽는다.

인도네시아산 가구지만 한국적인 분위기가 나서 구입했다. 오랜 세월 사용하다 보니 나무가 뒤틀려 서랍이 맞지 않을 때가 있기는 하지만 멋스러운 무게감으로 공간을 그득히 채운다.

1

2

3

1. 이탈리아 여행 중 한 가구점에 들어갔다가 한눈에 반해 구입했다. 뱅글뱅글 돌아가고 전신거울도 한쪽 면에 붙어 있으며 모자, 스카프도 걸 수 있는 멋스러운 가구다. 앞뒤 두 면 중 하나는 내가 쓰는 소품을 넣어두고 나머지 한 면은 남편 소품을 수납하는 데 사용한다.

2. 현관 중문을 열면 정면에 바로 보이는 콘솔이다. 딸아이 방과 부부 침실 사이 복도에 두고 딸과 우리 부부 모두 자주 쓰는 물건을 담아둔다.

3. 프랑스 브랜드 아브라망트Abramante 제품으로 18년 전에 구입한 것이다. 찻잔을 수납하는 장으로 활용한다.

4

5

4.파리 여행 중 인테리어 소품 매장에서 구입한 100년이 넘은 사이드 테이블. 2개를 구입해 하나는 거실 전화기를 올려두고, 나머지 하나는 주방 데드 스페이스에 두고 필요할 때마다 꺼내 쓴다.

5.우리나라 돈궤짝으로 100년이 넘은 골동품이다. 프랑스, 미국, 캐나다, 인도네시아 가구들과 배치해도 잘 어울린다.

1

2

1. 소파 옆에 놔두고 사용하는 미국 해크만Hekman의 사이드 테이블이다. 크기가 부담스럽지 않아 소파 사이에 놓기도 하고, 필요에 따라 바깥쪽으로 빼 두는 등 유용하게 쓰고 있다.
2. 주방에 놓고 쓰는 이탈리아 브랜드 아르카Arca의 콘솔. 티라이트나 러그 홀더 등 소소한 소품을 넣어두기 좋다.

3

4

3. 인도네시아 제품으로 깔끔한 느낌의 수납장. 모던한 디자인으로 올려놓는 소품만 달리해도 다양한 스타일로 변신이 가능하다. 넉넉한 수납공간은 물론 웅장한 크기에 반해 구입했다. 상판 밑 공간은 바구니를 넣어두고 수납공간으로 활용해도 좋다.

4. 다이닝룸에 자리 잡고 있는 장식장. 18년 전 영국 브랜드 에콜Ercol 매장에서 구입한 것으로 가장 아끼는 가구다. 소중한 가족사진과 오랫동안 지녀온 접시, 여행 다니면서 구입한 의미 있는 소품, 아이들과 가까운 지인이 보내준 편지로 아늑하게 꾸며 추억을 담는 장식장으로 사용하고 있다.

LIVING ROOM
[거실]

넉넉한 소파로 공간을 풍성하게 꾸민 거실

집 안에서 거실, 침실, 드레스룸, 주방, 욕실 등은 어느 하나를 빠뜨릴 수 없고 어느 하나도 소홀히 할 수 없는 공간들이다. 집은 남에게 보여주기 위한 것이 아니라 그곳에 사는 이의 입장에서 시각적으로 아름답고 실용적인 면이 조화되어야 한다. 특히 거실은 가족이 가장 오랜 시간을 보내는 공간인 만큼 편안한 분위기로 휴식을 취할 수 있도록 꾸며야 한다. 그래서 아무렇게나 앉고 누워도 가장 편안한 느낌을 주는 소파를 여기저기 앉을 수 있게 넉넉히 놓았다. 어떤 사람들은 거실에 큰 소파가 있으면 공간이 더 좁아 보인다고 말하지만 잘 모르는 이야기다. 소파로 꽉 채워 넣으면 도리어 넓어 보이는 착시 효과를 노릴 수도 있다. 거실에 놓아둔 소파는 모두 다른 회사 제품이지만 같은 패브릭으로 천갈이를 하여 마치 한 세트처럼 보인다. 그중 카우치는 15년간 사용하며 세 번 천갈이를 한 영국 제품이며, 나무틀이 돋보이는 3인용 소파는 영국 에콜 제품으로 안의 거위털을 빼고 탄력 있는 쿠션감의 압축솜을 넣어 사용하고 있다. 1인용 소파는 굉장히 넉넉하고 편안해 남편이 가장 좋아하는 것으로 이탈리아 제품이다.

원목의 자연스러운 멋이 돋보이는 침실

침실은 원목의 느낌과 색상을 그대로 살린 붙박이장과 중문, 벽지, 바닥재를 사용했다. 이미 원목에서 화려함을 느낄 수 있으므로 자연스러운 느낌의 패브릭 침구와 커튼으로 심플한 분위기를 연출했다. 반면에 딸아이 방은 전체적으로 화이트 톤으로 꾸몄다. 화이트 색조의 인테리어는 좁은 공간이 넓어 보이고 화사한 분위기를 내는 게 장점이지만 자칫 단조로울 수 있다는 단점도 있다. 그래서 적절한 포인트 컬러와 소품을 활용하는 센스가 필요하다. 쿠션, 액자 등 쉽게 바꿀 수 있는 소품을 이용하면 밋밋함은 전혀 없이 감각적인 공간이 된다. 침실로 사용하던 방 하나는 드레스룸으로 시공했다. 10년 전 이 집을 리모델링할 때 서울로 올라가 백방으로 뛰어 다니며 냄새 없고 환경호르몬에도 안전한 이탈리아산 자재와 독일산 금속 레일을 찾아냈다. 그 자재를 사용한 덕분에 지금껏 10년 넘게 사용했는데도 서랍장의 빛깔이며 틀도 한결같고 서랍이나 모든 레일이 고장 한 번 없다.

침실에 연결되어 있던 베란다를 트고 그 경계에 원목을 둘렀다. 베란다가 있던 자리에는 붙박이장을 설치하고, 간단한 작업을 할 수 있는 책상을 놓아 두었다. 침실과 욕실, 드레스룸의 공간을 나눌 수 있도록 중문도 달았다. 미송 나뭇결이 멋스러운 붙박이 침구장은 심플하고 모던한 프레임으로 자연 속에서 편안하게 숨을 쉬는 듯한 느낌을 준다. 오랜 세월 동안 색감이 참 맑아졌다. 침구를 수납하는 공간이라 통풍을 고려해 갤러리 문을 달았다.

딸아이 방은 분위기가 무겁지 않게 얇은 미송으로 붙박이장을 만들어 넣
었다. 천장도 미송으로 모양을 냈다. 침대는 10년 전 남편과 함께 청담동
의 한 인테리어 숍 앞을 지나가다 마음에 쏙 들어 바로 구입한 것이다.

058

시야가 탁 트인 주방과 다이닝룸

나는 주방에 상부장을 두지 않는다. 상부장은 시각적으로 답답하고 주방 공간을 더 좁아 보이게 만드는 단점이 있다. 이렇게 말하면 "상부장이 없으면 그릇을 어디에 두나요?"라고 질문한다. 그럼 나는 "주로 상부장에 그릇을 넣어두고 사용하나요?" 하고 되묻는다. 사실 상부장은 키와 높이가 맞지 않아 사용하기 불편하다. 그래서 자주 쓰지 않는 그릇이며 소품을 보관하게 된다. 내가 손본 집에는 거의 상부장이 없다. 주방 옆 수납장과 아일랜드 조리대를 설치해 수납공간을 만든다. 주방 옆면의 수납장은 냉장고의 돌출 사이즈에 나란히 맞춰 붙박이장으로 설치한다. 이렇게 하면 자주 사용하지 않는 그릇이나 토스터 같은 작은 가전제품 수납까지 해결된다. 아일랜드 조리대는 서랍을 만들어 넣으면 무거운 냄비부터 자주 쓰는 그릇까지 깔끔하게 수납할 있고 사용하기도 편리하며 조리 공간까지 넉넉하게 확보된다. 그리고 주방 벽면에는 틈새에 때가 끼기 쉬운 타일은 시공하지 않는다. 주방은 우리의 건강을 챙기는 공간인 만큼 청결하면서 아름다워야 하기 때문이다.

널찍한 다이닝 공간은 긴 테이블과 앤티크 가구로 꾸미고, 주방 공간은 상부장이 없는 ㄷ 자형 아일랜드 조리대 겸 식탁을 놓았다. ㄷ 자형 주방은 조리 동선을 줄이는 장점이 있다.

다이닝룸은 단순히 식사를 하는 곳이 아니라, 하루 일과를 마치고 모인 가족이 얼굴을 맞대고 이야기를 나누며 함께하는 공간이다. 식탁은 집 안이나 주방의 전체적인 분위기를 고려해서 선택해야 한다. 나는 고풍스럽고 격이 다른 분위기를 연출하고자 원목의 색이 짙은 식탁을 놓았는데 오랜 시간이 지나면서 자연스레 앤티크가 됐다.

물기 없는 호텔식 욕실

옛말에 그 집을 살피려면 욕실과 화장실을 보라고 했다. 나는 욕실을 물기 없이 보송보송하고 쾌적하게 관리하며 파우더룸으로 사용한다. 습기가 차 눅눅한 욕실은 타일 사이에 물때가 쉽게 끼어 위생적으로 좋지 않다. 항상 물을 사용하는 샤워 공간은 별도 부스를 만들어 분리한다. 20년 전부터 화장대를 없애고 욕실을 파우더룸 대용으로 사용할 생각에 세면대와 수납장을 일체형으로 설치했다. 이런 세면대 수납장은 배수구가 보이지 않아 호텔 같은 분위기를 낼 수 있는 게 장점이다. 무엇보다 습기 없이 쾌적하게 사용할 수 있다. 부족한 수납공간은 바구니를 활용한다.

또 곳곳에 프랑스에서 사온 유리 박스를 두고 목욕용품을 담아두는데, 인테리어 효과도 있는데다 한눈에 내용물이 확인되어 편리하다. 이 유리 박스에 비누도 담아 보관한다. 종종 뚜껑을 열어두면 비누의 천연 아로마 향이 방향제 역할을 해 욕실 안이 향긋해진다.

홍미애의 집 그리고 살림

나의 집, 나의 공간

홍미애가 리모델링한 집

공간과 동선을 잘 활용하면 집 안을 한결 넓게 쓸 수 있다.

나는 주부라는 장점을 바탕으로 실용성과 시각적인 아름다움에 중점을 두고 집을 개조한다.

그리고 형식에 얽매이지 않고 자유롭게 구조를 변경하며 공간을 다양하게 활용한다.

물론 기존의 공간 구조가 흔적 없이 사라지기도 하지만

그 집에 사는 사람들의 특성과 감각에 맞게 집이 변신한다.

유럽풍 185㎡(56평형) 아파트

탁 트인 바다를 조망할 수 있는 해운대 앞에 위치한 185㎡ 아파트. 창 밖으로 시원하게 펼쳐진 바다와 광안대교가 한눈에 들어온다. 이곳은 유럽의 별장을 콘셉트로 리모델링했다. 이 아파트의 일반적인 공간 구조를 허물고 3인 가족에 적합한 공간으로 변경해 리모델링한 것이 특징이다.

LIVING ROOM &
KITCHEN
[거실과 주방]

아일랜드 조리대로 주방을 확장

기존 천장을 모두 뜯어내고 더 높게 올린 다음 천장과 벽면 모두 미송으로 시공했다. 거실과 주방을 가르고 있어 답답해 보였던 키 큰 장식장을 들어내고 그 자리에 큼지막한 아일랜드 조리대를 만들어 넣었다. 그 덕분에 공간이 자연스레 분리되면서 조리대 하단에 넉넉한 수납공간도 생겼다. 주방 옆에 있는 붙박이장도 떼어내 답답함을 없앴다. 거실 한쪽으로 돌출되어 있던 싱크대 싱크볼은 배관을 옮겨 주방 창문 쪽으로 배치했다. 고층의 장점을 살릴 수 있도록 미송으로 만든 채광창을 내어 문을 열면 푸른 바다가 시원하게 펼쳐진다.

침실과 서재를 하나로 묶은 부부 공간

아이가 외국에서 공부하는 중이라 집 안 전체를
부부의 라이프스타일에 중점을 두고 개조했다. 방
이 총 3개인 공간을 아이가 사용할 방 하나, 부부
를 위한 침실과 서재가 연결된 1+1 개념의 공간
으로 꾸몄다. 부부의 침실과 서재 사이에는 중문
을 달아 공간을 분리했다. 남편은 서재에서 업무
를 보고 아내는 침실에서 쉬더라도 투명한 유리문
덕분에 한 공간에 함께 있는 듯한 기분이 든다.

나의 집, 나의 공간

주방에서 침실로 가는 복도와 침실에서 거실로 나오는 복도.
사이사이에 그림과 개성적인 소품을 놓아 갤러리 같은 분위기를 냈다. 현관 입구에는 중문을 설치해 복도와 공간을 분리했다.

홍미애의 집 그리고 살림

데드 스페이스가 될 수 있었던 긴 공간에 벽을 세우고 문을 달아 드레스룸을 만들었다.

CORRIDOR & DRESSROOM
[복도와 드레스룸]

복도는 넓히고 침실 안에 드레스룸 설치

바깥에서 집 안으로 들어오는 현관문 쪽에 중문을 달아 현관과 실내를 분리했다. 중문이 있으면 실내 온도 유지에도 효과적이다. 전체적으로 이동할 때 수월하도록 복도는 더 넓혔다. 원래 있던 침실 문을 막고 침실 안에 작은 드레스룸을 만들었다. 그리고 침실 문은 옆쪽 벽면으로 이동시켰다. 드레스룸에 사용한 자재는 이탈리아산 압축 목재로 환경호르몬에 안전하며 습기가 차지 않고 곰팡이가 생기지 않아 보송한 상태를 유지하는 장점이 있다. 이 자재로 주방 싱크대를 제작하기도 한다.

전원주택 같은 228㎡(96평형) 아파트

전원주택의 느낌을 살려 개조한 곳이다. 넓은 평수의 공간을 나누고 또 나누어서 한결 넉넉하지만 허전하지 않게 꾸몄다. 또 자재는 각 실의 천장과 벽면, 중문까지 어느 하나 군더더기 없이 자연스러운 미송의 매력을 한껏 발휘했다. 특히 버려지는 공간이 없도록 공간의 특성을 잘 살린 구조가 눈여겨볼 만한 점이다.

MATERIAL
[자재]

목재의 매력을 백분 살린 인테리어

천장과 벽, 중문 등을 모두 미송으로 시공해 편안한 느낌을 강조했다. 송진을 막기 위해 옹이가 없는 나무만을 선별해 잘 건조한 고품질 목재의 매력을 한껏 살린 것이 특징이다. 공간과 공간을 띄우는 작업과 벽지 시공 등 기초 작업만 100일쯤 걸렸을 정도로 미송 마감과 구조 변경 등에 손이 많이 간 대대적인 공사였다. 전체적으로 편안한 분위기를 내기 위해 천장과 벽 등은 화이트와 브라운으로 컬러를 입혔다. 미송을 사용한 곳은 나무의 결이 살아있도록 도색했다.

CONSTRUCTION OF SPACE
[공간 구조]

한 채의 집으로 두 채 효과

메인 거실 1개에 침실 5개, 욕실 3개로 구성된 집을 거실 2개, 침실 4개, 공부방 1개, 작업실 1개로 개조했다. 이 집에서 가장 눈에 띄는 점은 세컨드 거실을 하나 더 만들었다는 점이다. 가운데에 위치한 침실을 작은 거실로 변경하고 이곳을 기준으로 침실 3개를 모아 작은 한 채의 집을 조성했다. 평소에는 손님방으로 사용하지만 날씨가 매우 춥거나 더울 때는 침실이 모여 있는 이 공간을 사용해 냉난방비를 아끼는 효과도 볼 수 있다. 중문은 공간의 독립성을 보장할 뿐 아니라 천장까지 닿는 높이로 시공해 공간 전체가 웅장해 보이는 효과를 냈다.

BATHROOM
[욕실]

욕실 안에 흡연실 설치

세컨드 거실 쪽 침실 안의 한 욕실에 흡연실을 마련
했다. 집 안에 담배를 피울 공간이 없어 늘 고충을 토
로하는 남편을 위해 아내 분이 특별히 주문한 것이
다. 유리로 벽을 세워 나누고 원활한 환기를 위해 환
풍기를 설치하고 넓은 창을 냈다.

STUDY ROOM
[공부방]

다용도실이 아이의 공부방으로 변신

다소 넓었던 다용도실은 깨끗하게 정리해 아이의 공
부방으로 바꾸고, 작은 거실 쪽에 있는 드레스룸과
욕실을 줄여 다용도실 공간을 마련했다. 또 메인 침
실은 공간을 두 개로 나누어 한쪽은 침실, 또 한쪽은
패션을 전공한 주부만의 작업실로 꾸몄다. 메인 침실
에 있던 드레스룸은 중문으로 나가기 전 작은 코지
코너가 있는 복도로 만들었다.

KITCHEN
[주방]

넉넉한 조리대와 상부장 없는 탁 트인 주방

주방은 거실 크기 정도로 넓게 구성했다. ㄷ 자형으로 조리대를 놓고, 싱크볼은 벽 쪽을 향하도록 배치했다. 벽면은 시원하게 채광창을 달아 환기는 용이하고 직사광선이 바로 들어오는 것을 막았다. 채광창은 각기 다른 모양으로 설치하여 단조로움을 피했다.

구조와 동선을 배려한 가구 배치

넓은 거실에 맞게 소파를 직접 디자인해 주문 제작을 했다. 거실 구조와 동선을 배려한 디자인이다. 소파 방석은 두 개를 압축한 만큼 단단하면서 쿠션감이 좋은 것으로 바꾸고, 전체적인 컬러는 편안한 느낌의 라이트 그레이와 베이지가 섞인 톤으로 골랐다. 이런 기본 컬러를 사용하면 커버만 바꿔도 집 안 분위기가 확 달라져 보이는 효과를 얻을 수 있다.

홍미애가 디자인한 상업 공간

상업 공간인 나의 두 숍과 딸의 숍 모두 내가 직접 개조했다.
숍은 집과 달리 나만의 공간이 아니라 그곳에 들어오는 모든 이들을 위해
사용되는 공간이라 상대방을 배려하는 디자인에서 시공이 시작된다.

해운대 숍

'마리아쥬 드 미에'의 마리아쥬mariage는 프랑스어로 '결혼'이라는 뜻이다. 남녀가 만나 결혼을 하게 되면 제일 먼저 필요한 것이 머물 수 있는 집이다. 그곳엔 가구, 패브릭 침구는 물론, 옷과 음식이 필요하다. 이런 '의식주를 해결해주는 집'이라는 주제를 가지고 숍을 디자인했다. 입구엔 큰 대문이 있고, 한쪽에는 작은 정원이 있다. 안쪽으로 들어서면 벨벳 소파가 놓인 거실이 있고, 침실과 욕실, 주방과 서재까지 갖춘 공간이 나타난다. 복층으로 나뉜 위쪽 공간에는 내 사무실을 만들었다. 해운대 숍은 이렇게 이야기가 있는 집으로 꾸며져 있다.

복층 구조의 멋은 계단이 대부분을 차지할 정도로 계단의 각도와 디자인 선택이 중요하다. 그래서 45㎜ 오크 패널로 계단을 시공했다. 오크 목재는 색감이 깨끗하고 맑은 것을 사용했는데, 어두운 컬러는 자칫 전체 인테리어를 답답하고 무겁게 만들기 때문이다. 그리고 복층 구조로 조성하기 위해 배관 5개를 옮긴 결과 허리를 펴고 걸어 다닐 수 있는 높이와 공간이 나왔다.

Mariage de Mïe
You can do anything if only you get a drop of coffee

Mariage de Mïe
Mariage de Mïe
Mariage de Mïe
Mariage de Mïe
Mariage de Mïe
Mariage de Mïe

1. 홍미애식 감성을 그대로 녹여낸 토털 리빙 브랜드 숍 '마리아쥬 드 미에'의 해운대 숍이자 본사. 건축, 인테리어 리모델링은 물론 수입 가구, 주문식 제작 가구, 패브릭 소품 등 리빙 아이템을 모두 취급하는 숍이다. 그런 만큼 집 안의 모습 그대로 공간을 구성하고 갖가지 인테리어 소품은 물론 맞춤 가구로 아기자기하게 꾸몄다. 내부 공간은 침실과 거실, 주방을 비롯한 바와 긴 식탁이 놓인 다이닝룸, 욕실로 이루어져 있다.

2. 천장을 높이고 계단을 놓아 복층으로 개조했다. 1층에서 살림 스타일링 클래스를 진행하기도 한다. 2층은 리모델링, 설계 등 인테리어 업무를 보는 사무실로 사용한다.

청담동 숍과 카페

서울시 강남구 청담동 96-13번지. 수십 년 된 2층 주택으로 동선과 공간 활용이 전혀 되어 있지 않았던 곳이다. 철거를 하고 보니 건물을 지탱하는 H빔이 6개나 잘려 안전성이 없는 상태였다. 그래서 골조만 남기고 모두 철거했다. H빔 6개를 다시 세우고, 화장실 위치를 옮기고, 입구와 모든 동선, 공간, 1~2층의 구조를 완전히 바꾸었다. 마당은 레미콘 차 여섯 대 분량의 콘크리트를 쏟아 부어 카페로 만들었다.

이곳 청담점 역시 부산 해운대 본점처럼 집이라는 테마에 맞춰 꾸몄는데, 시공과 오픈 준비까지 6개월이라는 시간을 들였다. 1층 인포메이션은 주방처럼 꾸며 실제 내가 사는 집처럼 수도 시설과 싱크볼을 설치하고 미니바도 만들었다.

1층과 2층 모두 마치 가정집을 꾸며놓은 것처럼 내가 만든 가구와 소품을 비롯해 영국, 프랑스, 독일, 네덜란드, 벨기에 등지에서 들여온 제품들로 채웠다. 천장은 지중해의 어느 별장처럼 삼각 모양으로 설계하고 미송을 다듬어 붙인 뒤 크림화이트로 도색했다. 그리고 벨기에에서 구입한 앤티크풍 체인이 달린 우아한 조명을 달았다.

또 지하로 내려가는 창고 앞에는 목문을 설치했다. 1층의 미니 바와 2층으로 올라가는 계단은 45mm 두께 오크목으로 시공했다. 2층에는 건축 및 인테리어 사무실이 있는데, 침실과 거실, 욕실, 작은 복도를 조성하고 화장실과 파우더룸도 만들었다. 침실 벽면에는 오드리 헵번의 영화 〈로마의 휴일〉, 〈티파니에서 아침을〉의 한 장면을 담은 흑백 스크린으로 장식했다.

1층의 3분의 1은 '카페 미에' 공간이다. 벽은 모두 칠판용 페인트를 칠해 언제든 다양한 이미지로 변화시킬 수 있도록 했다. 칠판용 페인트는 사용 방법이 쉬워 원하는 곳에 칠하기만 하면 되고 낙서도 쉽게 지워지며 물청소도 가능해 아주 실용적이다. 벽화 전문가에게 의뢰하거나 페인트를 구입해 직접 작업해도 좋다. 손수 작업할 때에는 2회 정도 페인트를 칠하고 최소 3일 정도 말린 뒤 사용해야 분필 자국이 남지 않는다. 최근에는 블랙 이외에 다양한 컬러를 연출할 수 있는 칠판용 페인트가 출시돼 선택의 폭이 넓어졌다. 칠판의 그림은 페인트 마커를 사용해 그렸다. 페인트 마커는 촉이 크고 넓어서 그림 그리기에 유용하다. 그림을 지우고 싶을 때에는 에나멜 시너로 닦으면 된다.

테라스에는 철제 테이블과 의자가 놓여 있고, 한쪽엔 하늘에서 뚝 떨어진 듯한 덩치 큰 컨테이너박스가 자리 잡고 있다.

단풍나무가 눈에 띄는 청담동 숍. 마리아쥬 드 미에 청담점으로 2층 건물인 본채와 카페 미에의 공간인 널찍한 테라스와 컨테이너 하우스로 꾸몄다.
단독주택을 직접 개조한 본채 건물 안에는 라이프스타일에 관한 모든 가구와 소품을 전시, 판매하고 있다. 테라스와 컨테이너 하우스로 구성된 카페
공간에서는 식사와 음료를 즐길 수 있다.

086

마리아쥬 드 미에의 2층 공간과 1층의 와인 바.

청담동의 조용한 골목 안에 위치한 서울 청담점. 오래된 주택을 유럽의 가정집을 연상케
하는 인테리어로 개조했다. 2층으로 된 본채와 카페 미에가 있는 카페테라스로 구성되어
있다. 이곳 역시 내가 직접 개조했는데 1층 테라스 한편에는 컨테이너박스를 놓아 아늑한
실내 공간으로 꾸몄다. 본채 건물에는 여러 가지 가구와 인테리어 소품들을 놓았다. 1층은
주방과 거실을 콘셉트로 꾸미고 한쪽에 카페 미에의 조리 공간과 와인 바를 배치했다. 2층
은 거실과 침실 그리고 욕실을 콘셉트로 구성했다. 이곳에서는 주거 공간이나 상업 공간에
필요한 인테리어부터 데커레이션까지 라이프스타일에 관련된 모든 것을 컨설팅한다.

패션숍

딸 예원이가 8년간 일본에서 패션 공부를 하고 돌아와 오픈한 패션숍 '드 미에'. 먼저 드 미에 쇼핑몰 사무실을 청담동에 열고 현재 이곳 해운대에 오프라인 매장을 열었다. 다양한 제품을 수입도 하고 직접 디자인해 제작 판매도 한다.

이곳은 자그마한 카페 공간처럼 꾸몄는데, 노출 천장과 금속 문으로 멋스러움을 더했다. 내부는 전체적으로 무게감을 주는 그레이 컬러로 칠하고, 묵직한 금속 문은 블루 컬러를 입혀 세련미를 더했다. 행어도 금속으로 제작했다. 좁은 공간을 알뜰하게 활용하기 위해 숍 중간에 서랍과 선반을 놓아 아일랜드 테이블처럼 꾸몄다.

나의 집, 나의 공간

my life
my living

나의 살림

내가 어릴 적부터 어머니는 여자와 살림은 가꿔야 한다고 늘 말씀하셨다.
그리고 간식으로 떡 한 조각을 먹더라도, 물 한 잔을 마시더라도
늘 예쁜 잔과 그릇에 담아 쟁반에 보기 좋게 내라고 하셨다.
이런 작은 하나하나가 순간의 아름다움을 만든다면서 말이다.

패브릭

집 안 인테리어에 변화를 주기 위해 가구를 다 들어내고 벽지를 새로 바른다거나
페인트칠을 하는 건 너무 번거롭고 엄두가 나지 않는다.
이럴 때 좋은 방법이 바로 패브릭 홈 드레싱이다.
홈 스타일링이라고도 말할 수 있는데, 별도의 공사 없이 패브릭만을 이용해
집 안 분위기를 새롭게 바꾸는 것이다.

1년 내내 화이트

쉽게 질리지 않는 화이트 컬러 패브릭 하나면 사계절 내내 자연스럽고 편안한 분위기를 연출할 수 있다. 특히 자주 바꾸기 부담스러운 침구나 소파 커버는 가능한 한 패턴이 없는 베이식한 화이트가 제격이다. 그리고 평소에 시도해보고 싶었던 컬러나 패턴, 소재 등 패브릭으로 믹스매치를 해보자. 쿠션은 최대한 심플한 컬러 매치로 여러 개가 자연스럽게 잘 어우러지게 연출하는 것이 요령이다.

커튼은 살짝 비치는 리넨이 좋다. 같은 계열의 색으로 전체적으로 통일감을 주면서 진하고 옅은 색상의 커튼이나 소품을 활용해 포인트를 주면 잘 어울린다. 커튼 소재는 계절에 따라 바꿔줘야 하는데, 여름에는 시원해 보이는 리넨이 좋고 겨울에는 도톰한 패브릭을 택한다.

나는 외국 출장을 갈 때마다 질 좋은 원단을 구입해 쓰곤 한다. 패브릭은 종류가 엄청 많다. 면 하나만 해도 동대문시장에 가보면 마가 섞인 특면, 아사같이 부드러운 면, 옥양목, 아사무명, 좀 더 한국적이고 강한 소재인 광목 등 다양한 종류를 만날 수 있다. 면은 오래 사용할 수 있으며 세탁이 손쉽고 침구, 커튼, 테이블클로스 등 다양하게 활용하기 좋다.

100% 워싱 리넨 침구

내가 가장 좋아하는 색은 무엇과도 잘 어울리는 크림화이트다. 깨끗한 흰 셔츠에 눈에 띄는 액세서리 하나만으로 스타일이 살아나듯, 화이트를 배경으로 다양한 컬러를 더하면 근사한 공간이 완성된다. 이러한 이유로 지금껏 나는 화이트 컬러 침구만 고집해왔다. 간혹 화이트 패브릭은 예쁘긴 하지만 관리가 어렵지 않느냐고 질문하는 사람들이 있다. 그때마다 나는 걱정하지 말고 써보라고 말한다. 한 달이든 두 달이든 사용 후 세탁기에 돌리기만 하면 된다. 누렇게 얼룩지는 일 없이 고급스럽게 사용할 수 있다. 다만 염두에 둘 점은 품질 좋은 패브릭을 골라야 한다는 거다. 화이트 패브릭을 좀 더 손쉽게 손질하고 사용하려면 워싱 처리된 것이 좋다. 자연스런 구김에 살짝 비침이 있어 멋스러우며 피부에 닿는 느낌도 더 부드럽다. 워싱이 안 된 패브릭은 직접 워싱 처리를 해도 되는데, 워싱이라는 말 그대로 물에 한 번 담가 세탁해 사용하면 된다. 워싱 원단인지 확인하는 방법은 손으로 원단을 한 움큼 힘 있게 잡았다가 놓았을 때 자잘한 구김이 자연스럽게 생기는지 보면 된다.

내가 지금 사용하는 침구는 100% 워싱 리넨 소재다. 폭은 280*cm*로 원단을 대폭으로 사용해 이불에 이음매가 없고 깔끔하다. 침대 매트리스 커버는 100% 이집트 원사로 제작한 것이다. 겨울에는 보온성을 더하기 위해 누빔 패드를 쓰는데, 기계 누빔 제품은 딱딱하고 거칠어 일일이 손으로 누빈다. 손 누빔으로 만든 패드는 한결 포근하고 감촉도 매우 좋다.

침구는 크림화이트를 주로 사용하고 여기에 오트밀 컬러를 믹스매치한다. 그래서 기본형에서 벗어난 직사각형의 기다란 쿠션을 오트밀 컬러로 만들었다. 화이트에 오트밀을 매치하면 화이트는 더욱 빛나고 오트밀도 덩달아 돋보인다.

침구 디자인은 각각 제 사이즈에 10㎝ 이상의 프릴을 만들어 붙였다. 특히 베개나 쿠션의 프릴은 원단을 넉넉히 사용해야 좀 더 세련돼 보인다. 예를 들어 정사각형 천을 똑바로 10㎝씩 자르면 자투리 없이 다 쓸 수 있지만 프릴이 자연스럽지 않다. 재단할 때 모서리 부분에서 시작해 둥글게 자르거나 대각선으로 10㎝씩 잘라내면 버리는 부분은 많이 생기지만 아주 멋스러운 프릴이 달린 침구가 완성된다. 뭔가 특별한 것을 원할 때는 과감히 버릴 줄도 알아야 하는 법. 버리는 것도 있지만 얻는 것은 더욱 많다. 다 만들어놓고 마음에 들지 않아 속상해하느니 천이 아깝더라도 과감하게 잘라 제대로 만든 침구를 보면 미소와 함께 감탄사가 절로 나올 게 분명하다.

계절마다 바꾸는 쿠션과 커튼

쿠션을 만들 때는 다양한 원단을 사용한다. 내가 가장 좋아하는 소재는 사계절 사용할 수 있는 100% 리넨이다. 물론 여름에는 시원한 느낌을 주고 싶어 모시 같은 소재로도 만들고, 겨울에는 벨벳을 사용해 다양한 디자인과 컬러의 쿠션을 만든다. 쿠션이 많으면 많을수록 소파가 풍성해 보인다.

커튼 소재도 100% 리넨을 많이 쓴다. 리넨에 모시나 삼베가 조금 섞인 패브릭도 시원해 보이고 고급스럽다. 침실에는 가벼운 소재를, 거실은 침실보다 조금 더 묵직한 소재가 알맞다. 화이트나 오트밀 컬러를 택하면 자연스러우면서도 고급스런 느낌을 낼 수 있다.

오트밀화이트 색상 소파 커버

패브릭 소파는 디자인도 중요하지만 소재에 따라 분위기가 확 달라지는 만큼 신중히 골라야 한다. 지금 사용하는 소파 커버는 폴리에스터와 리넨 비스코스가 섞인 60수 수입 리넨이다. 폴리에스터 10% 혼방 원단은 늘어나지 않아서 좋다. 단, 폴리에스터가 많이 섞이면 보풀이 잘 생기니 혼방 비율을 확인하자. 리넨은 천연 소재이고, 비스코스란 열 가공을 해서 부드럽게 만든 것을 말한다. 고급 원단일수록 비스코스 처리가 되어 있다. 천연 리넨의 장점은 보풀이 없고 오래 사용할 수 있으며, 쓰면 쓸수록 멋스러운 빈티지 느낌이 난다는 거다.

소파 커버의 색상을 오트밀화이트로 택하면 아늑하고 온화한 거실 분위기를 만들 수 있다. 오트밀화이트를 베이스로 한 소파의 사계절 데코 요령은 간단하다. 오트밀화이트는 어떤 패브릭이든 잘 어울리기 때문이다. 우선 봄에는 화사한 분위기를 위해 오트밀화이트 소파에 잔잔한 꽃무늬 쿠션을 놓아두자. 여름에는 블루 컬러 쿠션이나 블루·화이트가 교차된 체크무늬 쿠션을 활용하면 시원한 느낌을 살릴 수 있다. 가을에는 오트밀화이트만으로도 따스한 분위기를 자아낸다. 겨울에는 포근한 캐시미어 무릎담요나 크리스마스 시즌 컬러인 레드·그린 쿠션을 놓아두면 아주 잘 어울린다.

패브릭 쿠션 믹스매치 노하우

계절에 따라 소재와 패턴에 변화를

사계절 내내 사랑받는 스트라이프와 체크 패턴은 계절에 따라 다양한 소재로 변화를 주기 좋다. 봄여름에는 단순한 컬러가 반복되는 규칙적인 체크가 잘 어울리고, 가을겨울에는 다양한 컬러를 믹스해 불규칙하게 염색한 것이 제격이다. 특히 쌀쌀한 날씨에는 아이보리, 그레이, 브라운, 옐로 등 차분하고 정적인 컬러가 잘 어울린다. 체크무늬로 경쾌한 느낌을 내고 싶다면 강렬한 원색을 택하고, 차분한 분위기를 원한다면 네이비나 브라운, 그린을 주조로 톤 다운된 컬러가 알맞다.

퓨어 파스텔컬러 체크무늬

거실이나 침실에 편안함을 불어넣기 좋은 패턴이다. 가장자리에 프릴 노루발을 사용해 프릴을 덧대어 사랑스러운 느낌을 더했다.

울 소재 심플 체크무늬 블랭킷

찬 바람이 불기 시작하면 거실에 두고 몸을 따뜻하게 하는 용도로 쓰일 뿐 아니라 공간 스타일링까지 완성해주는 아이템인 블랭킷. 울 소재로 믹스매치하면 거실에 따뜻한 감성을 더할 수 있다.

강렬한 패턴이나 컬러의 쿠션

자연스러운 분위기를 원한다면 비슷한 톤의 패브릭 쿠션을, 경쾌한 분위기를 내고 싶을 때는 강렬한 컬러나 패턴의 패브릭 쿠션을 활용하자.

다른 직조 스타일로 믹스

리넨에 니트를 더하거나 모직과 퍼, 벨벳과 실크를 매치하는 등 서로 어울리지 않을 것 같은 소재들을 믹
스매치해 연출해보자. 믹스매치를 기본으로 자신이 좋아하는 소재를 섞어 자유롭게 스타일링하는 것도
좋다. 물론 믹스매치라고 해서 꼭 다른 소재와 조합해야만 하는 건 아니다. 같은 소재라도 직조 방식이 다
르면 질감이 달라 색다른 느낌을 주므로 다양하게 믹스매치하는 것도 좋은 방법이다.

TABLECLOTH
[테이블클로스]

쓸수록 뽀얘지는
광목 테이블클로스

광목은 조금 거친 듯한 질감이 특
징이지만 세탁할수록 부드러워진
다. 나는 광목으로 만든 방석과 러
너를 20년 넘게 쓰고 있다. 누런색
광목은 그동안 하도 자주 세탁해
너덜너덜할 만도 한데 여전히 새
로 탄생한 듯 뽀얀 흰빛을 뽐낸다.
나와 함께 나이가 들었는지 힘은
없지만 사용하는 데는 끄떡없다.
개인 트레이를 사용하지 않을 때
는 각 자리마다 테이블 매트를 깔
아두는데 면, 광목 등 자연 소재를
즐겨 쓴다.

자극 없는 아사면 냅킨

우리 집 식탁에는 티슈가 오르지 않는다. 먼지가 이는 티슈 대신 아사면으로 만든 냅킨을 쓰기 때문이다. 아이들 어릴 적에 입 닦아주며 밥 먹일 때부터 지금까지 써오고 있다. 하도 빨다 보니 너덜너덜해지고 구멍도 났지만 아까워서 버리지 못하고 애용 중이다. 대 · 중 · 소 크기별로 만들어 얼굴에 트러블이 생겼을 때는 수건으로도 쓰고, 욕실 세면대 옆에 걸어두고 손 물기를 닦기도 한다. 사용할 때마다 보송보송한 감촉과 청결함이 느껴져 기분이 좋아진다.

ETC.
[그 밖의 화이트 패브릭 소품]

크림화이트와 오트밀을 벗어난 순백의 화이트는 좀처럼 쓰지 않지만 냅킨이나 테이블클로스는 예외다. 한국, 프랑스, 독일, 일본은 면 제품이 유명한데, 특히 독일은 면 소재에 입체적인 무늬를 넣은 멋진 냅킨이 굉장히 많다. 그동안 여행을 다니면서 하나하나 모아온 냅킨과 테이블 커버가 내 서랍 속에 가득하다. 프랑스는 레이스, 이탈리아는 면과 캐시미어, 울, 니트 원단이 좋다. 오래 사용해 음식물 자국이 배거나 누렇게 변색된 면 소재 제품은 락스와 물을 1:1 비율로 섞어 5분쯤 담가두었다가 삶아 빨면 감쪽같이 뽀얀 순백색으로 돌아온다. 그리고 낡아서 너덜거리는 것은 풀을 먹여 빳빳하게 다림질하면 된다. 새것은 새것대로, 낡은 것은 낡은 대로 쓰는 재미가 있다.

mie's tip
즐겨 쓰는 패브릭

아사면

내가 즐겨 쓰는 패브릭은 아사면으로 수분 흡수가 빠르고, 자외선을 차단하며, 곰팡이를 억제하는 항균성과 항독성이 특징이다. 견고하고 내구성이 좋은데다 자연스런 주름과 구김도 멋스럽다. 특히 여름 침구 소재로 많이 사용되는데, 몸에 열이 많은 사람이라면 싱글 사이즈를 구입해 각자 따로 덮는 것이 좋다. 무더운 여름에는 가족이라도 피부 접촉에 예민해질 수 있으니 말이다.

리넨, 인견

마 소재 원단을 리넨이라고 하는데 뛰어난 흡수력과 통기성이 장점이다. 침구나 커튼을 만들 때 많이 쓰인다. 풍기인견으로 불리는 인견 제품은 100% 천연 인견과 인조 인견으로 나뉘는데, 나무에서 원사를 얻은 천연 인견과 합성섬유가 섞인 인조 인견은 눈으로 보면 큰 차이가 없지만 피부에 닿는 감촉은 아무래도 천연 제품이 좀 더 부드럽다. 천연 인견은 이불과 패드용으로 다 좋지만, 인조 인견은 덮는 용도로 사용하도록 한다.

울

소파 커버로는 모직, 즉 울(wool) 소재도 좋다. 울은 차분하면서 고급스러운 느낌을 내므로 모던 스타일로 집을 꾸미고 싶다면 적극 활용하자. 단, 혼방하지 않은 순수 울 원단이라면 반드시 드라이클리닝을 해야 하므로 관리가 번거로울 수 있다.

나의 그릇

요리를 좋아하는 사람이 그릇에 애정이 많은 건 당연하다.
보기 좋은 그릇에 갖가지 음식을 정갈하게 차려낸 식탁은
매일 밥상에 둘러앉는 가족은 물론 초대받은 손님들에게
정성스러운 대접을 받는다는 느낌을 준다.
시선을 사로잡는 멋진 그릇도 좋지만, 지금 주방에 있는 그릇들을
요령껏 세팅만 잘해도 아주 근사한 상차림이 완성된다.

식탁 위 그릇들의 진가

식사 시간은 오늘 하루 잘 지낸 것에 감사하고 때때로 특별한 날을 기념하고 축하하는 시간도 된다. 그런 만큼 작은 정성을 들이면 그 시간을 더욱 즐겁게 보낼 수 있다. 테이블웨어의 질감과 색깔, 패턴을 잘 조합해 자신만의 스타일링을 뽐내보자. 오래된 것과 새것을 짝지어보기도 하고, 무늬가 없는 것과 있는 것을 매치해 꾸민 식탁은 매일 앉아 식사하는 가족은 물론 초대받은 손님에게도 제대로 대접받는 듯한 느낌을 준다. 여기에 유리 소품과 꽃이나 양초 등을 더해 장식하면 더욱 근사한 식탁이 된다.

먼저 그릇장을 열어보자. 결혼하면서 장만한 그릇부터 살면서 하나 둘 사 모은 그릇까지 생각보다 많은 식기들이 가득 차 있는 모습에 놀랄 것이다. 그런데 이 그릇들을 잘만 믹스매치하면 매번 새로운 분위기의 테이블 세팅이 가능하다. 방법은 메인 요리와 사이드 요리를 각기 다른 색상이나 무늬의 그릇에 담아내는 거다. 처음에 음식을 내올 때는 메인이 되는 그릇을 보여주고, 마지막에는 색이 전혀 다른 그릇에 음식을 담아내면 된다. 또 다양한 패브릭과 테이블 매트로도 식탁에 변화를 줄 수 있으니 비싼 그릇 세트를 가지고 있지 않아도 아무 문제 없다.

나라도 종류도 다양한 그릇들

나는 은은한 빛을 발하는 우리 고유의 유기와 영롱한 푸른빛을 품은 청자, 덴마크의 로얄코펜하겐 그릇을 즐겨 쓴다. 평소 상차림을 할 때도 청자나 유기에 양식기를 요령껏 섞어 쓴다. 단, 너무 많은 색을 섞지는 말자는 원칙은 있다. 그날그날에 어울리는 그릇 두어 가지 라인을 섞어서 식탁을 차린다. 하나의 라인으로 통일하는 것보다 다른 라인을 믹스매치하는 것이 더 자연스럽고 멋스러운 것 같다. 하나의 틀이나 스타일로 몰아가다 보면 지루한 느낌을 지울 수 없다. 인테리어며 테이블 세팅도 마찬가지라고 생각한다.

처음엔 로얄코펜하겐 그릇의 진가를 몰라봤다. 하지만 시간이 갈수록 로얄코펜하겐 특유의 정교함과 우리 청자의 수려함이 마치 한 쌍의 콤비를 이루듯 잘 어울린다는 것을 매번 깨닫는다.

1. **2단 케이크 접시.** 네덜란드에서 구입한 제품으로 손님을 초대한 티파티나 와인파티 때 케이크와 쿠키, 초콜릿을 담아 낸다.
2. **양철 소재 3단 미니케이크 접시.** 상단에는 꽃과 허브 등으로 장식하고, 아래에는 케이크나 떡 등을 담아둔다.
3. **벨기에 제품으로 유리와 스틸 소재라 여름철 상차림에 특히 요긴하게 쓰인다.** 먹거리 외에 꽃이나 캔들 같은 소품 데코용으로도 좋다.
4. **프랑스 여행 중에 보고 한눈에 반해 구입한 접시다.** 테두리를 동글동글 귀엽게 처리한 디자인이 맘에 든다. 빈티지한 분위기라 주로 견과류 같은 간식을 담아 먹는다.
5. **이탈리아 제품으로 파리에서 산 것도 있지만 이것은 10년 전 일본 여행에서 구입해 남편이 깨질세라 온종일 고이 들고 다녀 이야깃거리가 많은 그릇이다.** 남편이 가장 좋아하는 그릇이기도 하다. 일품요리, 떡, 케이크 등 어떤 음식을 담아도 잘 어울린다.
6. **친정어머니께 물려받은 그릇이다.** 과일이 그려져 다소 복잡해 보이지만 색감이 있는 과일은 물론 쿠키를 담아내도 멋스럽다. 영국 앤슬리Aynsley 제품.

7　　　　　8

9　　　　10　　　　11

7. 호주에서 구입한 접시로 반듯한 정사각형에 입체적인 디자인이 자연스러운 멋을 발한다.

8. 밑반찬, 과일 무엇을 담아도 잘 어울리며 음식에 품위를 더해준다. 일본 도쿄 롯폰기힐스에서 남편과 함께한 여행길에 구입했다.

9. 오리 모양 손잡이에 돔 형태의 커버가 있어 한결 고급스러워 보인다. 화이트와 실버의 조화가 돋보이는 이 식기는 쿠키나 견과류 등 간식을 담아 내기도 좋고, 밥상을 차릴 때는 쉽게 식는 반찬을 주로 담는다. 프랑스 제품으로 파리 여행길에 구입했다.

10. 일본에서 산 그릇인데 이탈리아 제품이다. 견과류나 초콜릿을 담아 식탁에 놓아두고 오며 가며 입이 심심할 때 집어 먹곤 한다.

11. 광주요의 작품 전시장에서 구입한 접시다. 음식을 담기보다 꽃이나 초록 식물 등으로 장식할 때 많이 활용한다.

12. 로얄코펜하겐의 에스프레소 잔. 몇 년 전 남편과 같이 백화점에 갔다가 남편이 불쑥 가지고 싶은 게 있느냐고 묻기에 냉큼 집어 선물 받은 것이다.

13. 경남 양산에서 구입한 도자기. 아주 조그마한 것이지만 백자의 진가가 대단하다.

14. 즐겨 쓰는 청자로 죽이나 물김치를 담아내기 좋다.

15. 3대에 걸쳐 유기를 빚어온 장인에게 부탁해 만든 유기다. 바닥에는 불도장으로 'mie'라는 로고도 찍었다. 잡채나 냉채 같은 한식은 물론 파스타도 잘 어울린다.

16. 가장 밑에 있는 손잡이 달린 유기 접시는 피자를 담을 때 주로 쓰고, 그 위쪽 유기 접시는 잡채나 겉절이, 떡, 갈비찜, 파스타 등 한식·양식 가리지 않고 담는다. 작은 보시기는 죽이나 차를 담아 먹는다.

17. 투명한 유리 소재라 시원한 느낌을 준다. 유리그릇은 여름에 많이들 사용하지만 나는 사시사철 가리지 않고 모든 음식을 담아낸다. 큼직한 볼은 과일화채나 샐러드를 만들어 낼 때 쓴다.

18

19

20

21

22

23

18. 크리스마스 때 쓰려고 프랑스 파리에 있는 마들렌의 소품 매장에서 구입한 머그잔이다.

19. 해마다 한 번씩 나오는 로얄코펜하겐의 크리스마스 접시다. 매년 그림이 달라서 하나씩 사 모으는 재미가 쏠쏠하다.

20. 파리 여행 중에 구입한 에스프레소 잔으로 영국의 리얼 앤티크 제품이다.

21. 접시 안쪽 면의 자연스러운 결이 돋보이는 청자 접시다. 스푼과 포크, 숟가락과 젓가락, 혹은 냅킨을 담아 내거나 식물을 올려두기도 한다.

22. 광주요 제품으로 기다란 높이가 특징이다. 물컵이지만 가끔 꽃과 허브를 꽂아두기도 한다.

23. 도자기 전시회에 갔다가 구입한 것으로 얇게 빚은 청자 그릇이 여성스러운 느낌이다. 색감이 부드러워 한식, 양식, 일식 가리지 않고 담아도 잘 어울린다.

쿠키나 케이크, 과일을 담을 때 사용하는 접시들이다.
빈티지한 느낌에 여성스러움이 묻어난다. 큰 포트에는 차를 우려 내거나 음료를 담아 낸다.
프랑스의 아스티에 드 빌라트Astier de Villatte 제품이다.

홍미애의 집 그리고 살림

지인들과 티타임을 가질 때 즐겨 쓰는 티포트와 접시다.
나뭇잎 모양의 디자인이 멋스러워 쿠키만 담아도 근사한 유럽식 티 테이블이 완성된다.
모두 로얄코펜하겐 제품이다.

장안요로 유명한 도예가 신경균 씨의 작품. 멋스러우면서 장중함이 느껴진다.
툭박한 매력이 넘치는 식기로 꽤 묵직한데 수저를 놓기도 하고 나물이나 생선구이를 담아 내기도 좋다.
2~3개만 놓아도 식탁에 중심이 잡히는 스타일링을 할 수 있다.

홍미애의 집 그리고 살림

나무로 만든 그릇들. 큰 사각 접시는 참나무로 만들고, 개인 접시로 사용하는 작은 사각 접시는 산벚나무를 깎아 만든 것이다.
목기는 열이 많은 곳이나 직사광선을 피해 보관해야 하며, 수세미나 거친 수건으로 닦지 말고 항상 부드러운 천을 사용해야 한다.

영국, 프랑스, 이탈리아, 독일 등 서유럽을 여행하며 하나씩 사 모은 스푼이다.
찻잎을 더는 스푼, 티스푼, 요구르트 스푼으로 사용한다.
핸드메이드 제품으로 손잡이에 방울이 달린 실버 티스푼은 딸 예원이가 시집갈 때 물려주고 싶어서 고이 간직하고 있다.

홍미애의 집 그리고 살림

수프 스푼과 샐러드용 포크, 주요리용 포크와 나이프, 디저트용 포크와 스푼, 서버용 스푼까지 한데 모았다.
스테인리스 커트러리는 흠집이 잘 나지 않는 것이 장점이다.
이탈리아 특유의 감성이 담긴 심플한 디자인이 돋보이는 제품으로 집에서 정찬을 즐길 때 즐겨 쓴다.

한식기와 양식기로 믹스매치

상차림을 할 때는 한식기와 양식기를 두루 섞어 세팅해보자. 하나의 그릇 세트를 줄줄이 늘어놓는 것보다는 다양한 그릇을 믹스매치하는 것이 한결 멋스럽다. 모던과 클래식을 구분하지 말고 센스 있게 매치하면 제각각의 그릇이 잘 어우러진다. 특히 청자와 화이트 식기는 최고의 조합이다.

120

LESSON 1
케이크와 쿠키를 즐기는
티 테이블

세트 그릇에서 벗어나 화이트 컬러라는 코드 하나로 품위 있는 티 테이블을 완성할 수 있다. 꽃을 화병에만 꽂지 말고 접시에 그대로 올려놓아도 멋스럽다. 음식 냄새를 잡아줄 은은한 색감의 무향 캔들도 빠트리지 말자.

사용한 그릇은 로얄코펜하겐의 화이트 디시와 프랑스 필리뷰이Pilli-vuyt의 스퀘어 참 디시다. 테두리의 문양에서 느껴지는 로맨틱한 무드와 모던한 디자인의 식기가 더없이 잘 어울린다.

LESSON 2
한과로 차리는 다과상

청자와 모던한 느낌의 필리뷰이 화이트 접시를 활용한 단아한 다과 세
팅. 남편과 단둘이 차 한잔을 마시며 담소를 나누기 더없이 좋다. 군더
더기 없는 세팅으로 정갈한 티 테이블을 완성했다.

LESSON 3
와인을 곁들이는 다이닝 세팅

태생과 생김새가 다르더라도 고귀함이 느껴지는 디자인에는 하나로 연결된 끈이 있는 법. 나는 품격 있는 자리를 마련할 때 우리의 청자와 로얄코펜하겐 식기를 믹스매치해 세팅한다. 청자에서 우러나오는 고고함과 로얄코펜하겐의 정갈함이 오묘한 조화를 이뤄 귀한 손님들과의 식사 자리에 더없이 잘 어울린다.

LESSON 4
레이스 코드의 로맨틱 세팅

화이트 접시와 로얄코펜하겐 그릇을 화이트와 블루 그리고 곡선·디자인이라는 코드 하나로 믹스매치했다.
가까운 지인들과 부담 없이 즐기는 브런치 타임인 경우 경쾌한 체크무늬 테이블클로스를 깔면 더욱 편안한
느낌을 줄 수 있다. 한쪽에 꽃을 꽂아두면 분위기가 한층 살아난다.

LESSON 5
유기와 모던 양식기가 어우러진 퓨전 상차림

유기와 화이트 모던 접시의 조합이 돋보이는 한식 상차림. 한식과 양식
메뉴를 두루 차려낼 때는 개인 매트 에 한식 식사를 위한 세팅을 하고,
그 옆으로 모던한 양식기와 포크, 나이프를 놓아 양식과 한식이 조화를
이룬 식사임을 자연스럽게 드러내는 것도 좋다. 정적인 분위기의 식탁
에 과한 센터피스는 조화롭지 않으니 국그릇에 초록 잎을 담고 보시기
에 티라이트를 띄우는 정도로 장식한다.

LESSON **6**
정갈한 한식 상차림

한식기도 종류가 다양한 법. 고급스런 청자와 막사발을 섞어서 세팅했
다. 점심은 부담스럽지 않게 식사하는 경우가 대부분이니 메인 요리
는 가운데에 두고 트레이에 있는 개인 접시에 조금씩 덜어 먹게 준비
한다.

LESSON 7
더없이 깔끔한 젠 스타일 상차림

화이트와 블랙의 대비로 정결하고 절제미가 돋보이는 상차림이 완성됐
다. 손님을 접대할 때는 여러 가지 요리를 준비하려 애쓰기보다 1인용
트레이에 맛깔스런 반찬과 국을 차려 내고, 자신만의 음식 솜씨를 뽐낼
수 있는 요리 한두 가지만 식탁 가운데에 올려도 충분하다.

mie's tip

이 빠진 그릇 살리기

옛날 어머니들은 이 빠진 그릇을 집에 두면 복이 나간다고 다 갖다 버리셨다. 그런데 막상 살림을 해보니 그릇을 구입할 때의 마음이 생각나 예쁜 그릇에 이가 빠지거나 흠집 하나 생겼다고 매몰차게 버리는 게 너무 아까웠다. 그래서 나는 가까운 금은방에 가서 그릇을 금으로 하나씩 때우면서 되살려 사용한다. 또 크게 깨진 도자기는 부드러운 사포로 문질러 수납용으로 쓰거나 화분으로도 활용한다. 이 빠진 접시는 물을 조금 넣고 아이비를 띄워 센터피스처럼 식탁에 올려놔도 멋스럽다.

화이트 식기에 포인트 주기

식기들의 컬러가 화이트 위주거나 식탁이 단조로울 때 활용하면 좋은 데코 방법. 꽃송이나 초록 잎, 줄기 등을 한 뼘 길이로 잘라 묶은 뒤 차를 내거나 식사를 낼 때 접시 위에 올려보자. 단, 식기들의 색감이 화려할 때는 삼간다.

꽃과 초록 식물

집 안을 꾸미는 소품 중 가장 아름다운 것이 바로 꽃과 푸릇한 식물이다.

꽃과 싱그러운 빛깔의 식물은 무엇과도 비교할 수 없는 생기와 활력을 공간에 불어넣는다.

식탁이나 거실 등 어느 한쪽에 놓아두는 것만으로도

사랑스럽고 밝은 기운이 돌게 하는 꽃과 푸른 잎을 활용한 스타일링 요령을 전한다.

손재주 없어도 가능한 플랜트 데코

나는 알록달록한 꽃송이보다는 푸릇푸릇한 잎을 가진 식물을 좋아한다. 어릴 적 우리 집 마당에는 갖가지 꽃과 나무가 자라고 있었다. 어머니는 마당에 꽃이 피면 몇 송이 꺾어 물병에 꽂아놓곤 하셨다. 가지치기를 하며 잘라낸 가지도 다시 뿌리를 내리게끔 물컵이나 접시에 담가두셨다. 그런 어머니를 닮은 나 역시 꽃과 식물에 관심이 많았고 지금도 우리 집 마당뿐만 아니라 아파트 정원이며 도로변의 나무와 길가에서 자라는 아이비에도 관심어린 눈길을 보낸다. 그리고 꺾인 가지를 물에 담가두면 어느새 뿌리를 내리는 자연의 강인한 생명력에 새삼 놀라곤 한다.

얼마 전 양재동 꽃시장에 가 보니 요즘 유행하는 초록 식물들이 죄다 길
가에서 만날 수 있는 것들이었다. 물론 많은 양이 필요할 때는 구입해야
하겠지만 그렇지 않다면 길거리에서 자라는 식물들을 활용해보자. 아
이비 같은 식물은 집 안 한쪽에 놓아두고 키우면 보기에도 좋고 홈 스
타일링을 할 때도 요긴하다. 나는 집 안에 꽃이나 초록 식물이 떨어지면
밖으로 나가 아이비 가지 하나를 주워 오곤 한다. 동백나무 잎은 가지치
기를 하는 날을 알아두었다가 때에 맞춰 집어 온다.

베란다에서 무성한 초록 잎을 따다 쓸 때는 이파리가 작은 나뭇가지를
골라야 스타일링하기 좋다. 동백나무 가지나 아이비는 물컵에 꽂아두
거나 접시에 올려두면 보기도 좋고 그 자체로 자연 가습기 역할까지 한
다. 이가 빠진 그릇이나 금이 간 그릇이 있다면 흙을 담아 심어놔도 좋
다. 혹은 유리 볼에 담아 테이블 위를 장식하거나 화병에 무심히 꽂아두
면 공간에 편안한 분위기를 더할 수 있다. 물론 내 방식을 똑같이 따라
할 필요는 없다. 하지만 전문적인 꽃꽂이 요령을 몰라도 제법 근사한 홈
데코가 될 수 있으니 한번 해보자.

꽃이 주는 즐거움

꽃의 힘은 대단하다. 심플한 화병에 꽃 한 다발을 가득 꽂아두면 집 안 분위기가 단숨에 화사해진다. 꽃이나 식물을 싫어하는 사람은 없다. 꽃으로 장식할 공간이 없어도, 멋지게 꽂는 방법을 몰라도 꽃을 보면 누구나 저절로 마음이 즐거워진다.

나는 가족끼리 파티를 하거나 손님 초대를 할 때, 기분전환이 필요할 때 집 안에 꽃을 꽂는다. 평소에는 집에 있는 아이비를 조금 잘라 작은 유리병에 꽂아두고, 조금 특별한 일이 있을 때는 꽃 두세 송이, 많게는 한 다발을 꽂아둔다. 이때 꽃은 가능한 한 심플하게 준비한다. 색색의 꽃을 섞으면 화려한 분위기를 낼 수 있지만 워낙 심플한 스타일을 좋아해서 많은 종류를 섞지 않는 편이다.

꽃꽂이를 배운 적이 없는 사람들은 데코 소품으로 꽃을 활용해보라는 말이 부담스러울 수 있다. 장을 보고 돌아오는 길에 근처 꽃집에 들러 마음에 드는 꽃 한 송이를 사도 좋고, 집 안에서 키우는 초록 식물을 활용해도 좋다.

꽃을 꽂아둘 때 화병만 고집하지 말고 외국 잡지에 나오는 것처럼 예쁜 통조림통이나 음료수 병을 이용해도 좋다. 그냥 비스듬히 꽂아두기만 해도 보기 좋으니 자신감을 갖고 플라워 데코에 도전해보자.

자연의 멋스러움을 실내로

청담동 숍의 테라스 옆에 단풍나무 한 그루가 있다. 이 나무를 사계절 바라보노라면 자연의 대단함과 신비로움이 저절로 느껴진다. 봄에는 어린잎이 나오고 여름에는 푸른 잎이 크게 자라면서 선명한 빛깔을 띤다. 가을에는 잎이 붉게 물들고 겨울에는 앙상한 가지만 남는다. 매년 자연의 변화가 반복되는 단풍나무가 의젓해 보이기도 하고 기특하기도 하다. 무엇보다 그 잎가지 하나로 사계절을 그대로 실내에 들일 수 있다는 것에 감사하다.

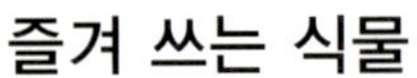

mie's tip
즐겨 쓰는 식물

늘 곁에 두고 키우는 아이비와 동백나무 잎 등 내가 즐겨 활용하는 식물을 소개한다. 우리 집은 부산 해운대 마린시티 동백섬 앞이라 바다를 끼고 걷다 보면 동백섬이 나온다. 산책길을 따라 동백섬 좌우측에 동백나무가 울창한 숲을 이루는데, 깨끗이 닦아놓은 듯 싱그런 초록빛을 발하는 동백 잎이 참으로 어여쁘다. 때가 되면 봉오리가 나오고 동백꽃을 피운다. 여기서 잔가지를 주워 와 작은 유리병이나 도자기에 꽂아 거실 골동품 궤짝 위에 올려두면 멋스러운 정취가 흐른다. 생명력이 강할 뿐만 아니라 진한 초록색을 띠기 때문에 떡이나 한과를 낼 때 곁들이면 근사한 푸드 스타일링이 된다.

불로초

작은 꽃잎이 별모양으로 피어나는 불로초는 여름에는 초록빛을 내고 가을에는 빛이 바랜 듯 자연스레 붉게 물들어간다. 짧게 잘라 유리병에 꽂아두거나 핸드타이드를 해도 귀여움이 묻어난다.

용담

주로 여름 꽃꽂이에 쓰는 꽃으로 푸른 하늘색 꽃과 뾰족한 연둣빛 잎이 예쁘게 어우러진다. 뿌리가 용의 쓸개처럼 매우 쓴맛이 난다고 하여 '용담'이라는 이름이 붙었다. 또한 꽃이 초롱처럼 핀다 하여 '초롱담'이라고도 부른다. 파란빛을 띠는 것 외에 연보라색과 핑크색이 섞인 용담 꽃도 있다.

옥시펜타늄

'다섯 개의 꽃잎이 마치 별과 같다'는 의미의 옥시펜타늄은 짧게 '옥시'라고도 부른다. 꽃 봉오리는 분홍색. 꽃잎이 활짝 벌어지면 베이비블루, 시간이 지나면 다시 분홍색으로 변한다. 자른 부분에서 끈끈한 하얀 즙이 나오므로 단면을 열탕 처리하거나 소금을 묻혀 사용해야 깔끔하다.

레몬나무 잎

이런저런 데코에 가장 많이 쓰이는 재료로 짙은 녹색이 싱그럽다. 다양한 종류의 꽃들과 무난하게 잘 어울리지만 레몬나무 잎 하나만으로도 데코가 가능하다. 레몬나무 잎을 둥글게 말아 꿰어서 네모난 화기에 가득 채워두면 그 자체로 모던한 느낌의 장식물로서 시원한 분위기를 연출한다.

칼라

청초하면서도 우아한 분위기를 내는 칼라는 한 송이만으로 장식 효과가 큰 꽃이다. 긴 줄기를 그대로 살려서 장식하면 아주 멋스럽다. 옐로, 화이트, 핑크 등 컬러도 다양하다. 부케에 많이 쓰이며 연인을 위한 꽃다발 선물에 장미 다음으로 인기가 많다.

너도밤나무 가지

초여름에 얻을 수 있는 것으로 망개와 함께 장식하기 좋은데 길이는 80㎝ 내외가 적당하다. 망개보다 작은 열매가 달리고 수명이 오래가 포인트를 주기 좋다. 줄기째 활용하거나 짧게 잘라 작은 유리병에 꽂아둬도 앙증맞다.

아이비와 별아이비

담쟁이넝쿨로 잘 알려진 아이비는 실내에 두면 공기 정화와 온도 조절 기능을 하는 생동감 넘치는 식물이다. 특히 실내에서 잘 자라는 식물이므로 집 안 곳곳에 놓아두면 통일감을 주며 전체적으로 단정하면서도 세련된 이미지를 연출할 수 있다. 이파리가 별 모양인 별아이비는 작고 앙증맞다.

줄사철나무 잎

풍성하게 핸드타이드를 만들 때 화려한 꽃 주변에 사용하는데, 모양은 타원형 또는 난형으로 잎이 두꺼운 편이다. 꽃꽂이 소재는 물론 음식 데코에도 많이 쓰인다. 짙은 녹색이 더운 여름에는 시원한 청량감을 주고, 추운 겨울에는 답답한 실내에 활기를 불어넣는 효과가 있다.

동백나무 잎

가장 즐겨 쓰는 초록 잎이다. 사계절 내내 초록빛을 띠는 동백나무 잎은 집 앞에 동백섬이 있어 오다가다 자주 접하는데 종종 잔가지를 주워 와 활용한다. 투명한 물컵에 꽂아놔도 싱그럽고, 상차림에서는 냅킨 위에 한두 잎 올려놔도 멋스럽다.

손쉽게 따라하는 내추럴 스타일링

1. 은은한 황색을 띠는 유기와 초록빛 동백나무 잎은 참 잘 어울리는 조합이다. 유기에 음식을 담아 낼 때 활용하면 좋은 아이디어로, 유기그릇 안에 잎줄기 하나를 넣어두면 된다. 잎줄기가 자연스레 담길 수 있도록 손으로 살살 구부려 모양을 잡아주자.

2. 집 안에 있는 어떤 물건이든 화병으로 변신시킬 수 있다. 바구니나 상자도 가능하다. 그 안에 쏙 들어가는 작은 병에 물을 담아 대충 꽂아두면 된다. 평범한 화병이 아닌 대나무 바구니에 담아두면 또 다른 분위기가 연출된다.

1. 물컵에 수경재배가 가능한 식물의 가지를 꽂아보자. 시원하면서도 아기자기한 분위기를 내는 센터피스로 좋다.

2. 꽃을 장식할 때는 다양한 용기를 화병으로 활용해보자. 유리컵이나 작은 찻잔, 접시 등 식기를 이용해도 멋스럽다.

기왓장을 활용한 플라워 스타일링. 소파 옆 협탁에 놓아두거나 테이블의 센터피스로 쓰면 더없이 멋스럽다. 자갈을 올려두면 꽃을 고정하기도 좋고 자연미도 더할 수 있다. 꽃의 생기를 오래 유지하고 싶으면 스타일링 후 약간의 물을 부어둔다.

긴 접시를 이용한 스타일링으로 콘솔 위나 테이블 센터피스로 잘 어울린다. 접시에 물을 담고 로즈메리나 잎 모양이 독특한 식물을 줄기째 잘라두면 된다. 이때 줄기가 짧으면 옹색해 보이고 너무 길면 넘치는 느낌을 줄 수 있으니 접시의 양끝으로 손가락 두 마디 정도 여유를 두도록 한다. 겨울에는 습도 조절 효과도 볼 수 있다.

케이크 스탠드를 활용하면 파티를 할 때 이색적인 데코 효과를 낼 수 있다. 스타일링 방법도 간단하다. 칸칸에 꽃과 초록 식물을 보기 좋게 놓아주기만 하면 된다. 이때 초보라면 갖가지 꽃이나 소재를 마구 섞기보다 초록 잎을 바탕으로 한 층에 두세 가지 컬러를 넘지 않도록 스타일링한다.

mie's tip

꽃이나 식물을 오래 보관하려면

꽃을 오래 보며 즐기기 위해서는 물을 매일 갈아주고, 화병도 깨끗하게 관리해야 한다. 물속에 떨어진 잎은 모두 꺼내고, 줄기는 물을 잘 흡수할 수 있도록 사선으로 비스듬히 자른다. 꽃이 피지 않은 봉오리 상태일 때는 잔가지를 쳐서 꽃에 영양분이 집중될 수 있도록 한다. 꽃의 경우 영양분이 될 수 있는 설탕을 조금 넣어주는 것도 좋은 방법이다. 물 1ℓ 정도에 설탕을 1티스푼 정도 섞으면 된다.

142

준비물

줄기 식물
리본테이프
꽃가위

만들기

1. 준비한 식물은 손잡이가 될 부분의 줄기를 손질한다.
2. 가지를 한 대씩 자연스럽게 X자형으로 놓는다. 이때 지그재그
   로 교차하는 부분은 리본을 묶을 자리다.
3. 분위기에 어울리는 리본테이프를 골라 묶는다.

준비물

꽃
초록 잎(잎이 넓은 것)
꽃병
리본테이프 또는 끈
꽃가위

만들기

1. 꽃은 줄기를 정리하고, 초록 잎은 꽃보다 길게 자른다.
2. 꽃과 초록 잎을 바닥에 놓고 자연스럽게 키를 조절하며 정리
   한다.
3. 2를 리본테이프나 끈으로 묶은 다음 꽃병에 꽂는다.

144

준비물

초록 잎가지(줄기가 두껍고 잎이 도톰한 것)
화기(입구가 넓은 유리볼 또는 물컵)
리본테이프 또는 끈
꽃가위

만들기

1. 가지를 화기의 깊이에 맞게 자른 다음 보기 좋게 모양을 잡아 모은다.
2. 1을 리본테이프나 끈으로 묶은 뒤 가지가 자연스럽게 누울 수 있도록 화기에 담가둔다.

LESSON 4
퓨어 어레인지먼트

준비물

꽃(송이가 크고 줄기가 긴 것)
꽃병
리본테이프 또는 끈
꽃가위

만들기

1. 꽃은 줄기를 정리한 다음 한 대씩 X 자형으로 비스듬히 놓는다.
2. 옆으로 벌어져 있는 줄기를 가운데로 모아 리본테이프나 끈으로 묶은 뒤 꽃병에 꽂는다.

수 납 법

시댁에 들어가 살던 시절, 시어머니는 친한 지인 분이 오시면
우리 부부 방에 조심히 들어와 옷 서랍장을 열어 보여주셨다.
처음에는 무슨 일인가 했는데 알고 보니 종류별·소재별로 차곡차곡 접어 깔끔하게
정리하고 사는 며느리가 예쁘고 기특해서 친구 분에게 자랑하고 싶으셨던 모양이다.
시어머니께 칭찬받는 수납법은 간단하다. 물건의 제자리를 찾아주는 것.
침구장의 이불을 다시 개어 두고, 옷장의 옷들을 재배열하고,
화장대의 화장품을 쓰기 좋게 정리하면 집이 더욱 깔끔해지고
편안히 쉴 수 있는 공간이 된다.

홍미애의 집 그리고 살림

똑똑한 수납은 돈 안 드는 인테리어

우리가 사는 집은 몸과 마음이 쉴 수 있는 공간이어야 한다. 가족들이 사용하는 갖가지 물건들의 제자리를 찾아주면 집이 한결 깔끔해지고 휴식을 취하기에 더없이 좋은 공간이 된다. 돈도 들지 않고 도구도 필요 없는 인테리어 노하우다.

생활용품 가운데 수납장 안의 많은 공간을 차지하는 것이 바로 옷가지다. 입으려 한 옷이 아무리 찾아도 보이지 않고, 몇 번 입지도 않고 옷장에 쌓아두기만 한 옷도 수두룩하게 마련. 작은 공간이라도 좋으니 드레스룸을 마련해보자. 여기저기 옷 수납공간을 만드는 것보다 두 배쯤 효율적이다. 드레스룸의 가구를 만들 때는 문이 달린 붙박이장을 설치해서는 안 된다. 이런 붙박이장은 결국 사용할 수 없는 공간이 생기므로 집 안이 자꾸 비좁아지는 요인이 된다. 드레스룸을 마련하고 싶다면 벽면에 조립식으로 가벽을 세우고 행어나 수납 선반 또는 서랍장을 설치해 이용하는 것이 기존보다 많이 수납할 수 있고 좀 더 넓은 공간을 확보하는 방법이다.

더불어 종류별 · 계절별로 옷을 정리하는 요령과 소품 수납법을 알아두면 참 쉽다. 이때 중요한 점은 옷과 소품을 아이템별로 정리해 찾기 쉽게 수납하는 것. 이 원칙만 지켜도 옷 정리의 반은 해결되는 셈이다. 옷 수납은 옷을 개는 방법과 수납 방법을 조금만 바꿔도 수납공간이 늘어날 뿐 아니라 넣고 꺼내기 수월해 기분 좋게 외출 준비를 할 수 있다.

종류별 · 소재별 · 색깔별로 분류

의류를 정리할 때는 사계절 옷을 면, 울, 캐시미어 등 소재로 나누고 색깔별로 분류하는 것이 요령이다. 아무리 비싼 명품일지라도 보관을 제대로 하지 않으면 그 옷의 가치를 잃게 마련이다. 니트 종류는 되도록 넓게 접어둔다. 특히 캐시미어 소재 옷은 연이틀 계속해서 입지 않는 것이 옷의 수명을 늘리는 방법이다. 아주 부드럽고 약한 소재라 한 번 입으면 늘어난 상태이므로 원래대로 돌려놓으려면 넓게 접어 보관해야 한다. 니트류는 옷걸이에 걸어놓는 것은 금물이며 넓게 접어둬야 옷 모양이 망가지지 않는다. 스카프도 접어두고, 머플러는 접거나 말아서 보관한다. 셔츠는 옷걸이에 걸어 단추를 모두 채워둔다. 입을 때 단추를 끌러야 해서 번거롭지만 이렇게 해야 새것처럼 오래 입을 수 있다. 특히 맨 위쪽 단추를 채우지 않으면 칼라의 형태가 망가지고 어깨 부분의 모양도 힘이 없어진다. 코트 역시 단추를 잠그고 어깨선과 칼라에 신경 써서 옷걸이에 걸어둔다. 행어에 걸어 정리할 때는 앞뒤의 옷끼리 마찰되어 구겨지지 않도록 간격을 살짝 벌려두자.

속옷 정리 방법은 저마다 다른 듯하다. 특히 브래지어는 보관법이 굉장히 중요한데, 컵을 포개지 말고 전체적으로 펼쳐놓는 것이 기본이다. 속옷은 무엇보다 청결해야 하므로 순면 패브릭을 서랍장이나 바구니 바닥에 깔고 넣어두면 보송보송하게 관리할 수 있다.

가죽이나 패브릭 소재 핸드백도 보석이나 액세서리만큼 신경 써서 관리해야 변색 없이 오래 사용할 수 있다. 조금만 부지런을 떨면 늘 새것 같은 핸드백을 들고 다닐 수 있다. 일단 집에 돌아오면 내용물을 모두 꺼내고 가방 안에 종이를 뭉쳐서 넣어둔다. 가방 모양이 망가지지 않게 양 옆면과 모서리 부분에 종이를 넣고 부직포 주머니에 담아두면 된다. 나는 핸드백이나 가방을 구입할 때 담아 주는 박스나 부직포 주머니를 버리지 않고, 핸드백 안에 들어 있는 종이도 그대로 보관한다. 아무리 비싸고 좋은 명품백이라도 제대로 관리하지 못하면 모양새가 흐트러져 빛을 발하지 못한다. 형태가 한 번 망가지면 아무리 매만져도 원상태로 돌아오지 않으니 주의하자. 특히 손잡이 부분은 땀이 차기 쉬워 닦아내지 않고 보관하면 보기 싫게 변색된다.

[견&캐시미어 의류 수납]

습기가 많은 아래 칸에는 물세탁이 가능한 면 제품을 넣어둔다. 반면에
습기나 벌레에 약한 견, 캐시미어 같은 고급 소재 옷은 높은 위치에 수
납하는 게 좋다.

[침구와 잠옷 수납]

자주 사용하는 이불은 한곳에 정리해둔다. 이불은 잠
자는 곳 가까이 보관하는 것이 기본. 같은 용도의 물
건을 분산하지 않는 것도 중요하니 베개와 잠옷도 같
은 장에 수납하는 것이 좋다. 평소에 자주 사용하지
않는 이불은 하단보다는 습기가 적은 맨 위 칸에 수
납하는 것이 좋다.

[상의 수납]

옷을 개는 방법은 다양하지만 기본은 수납공간의 크
기에 맞춰 사각으로 개는 거다. 평상복은 세워서 정
리하면 넣기도 쉽고 꺼내기도 쉽다. 블라우스나 셔츠
처럼 주름이 생기면 안 되는 옷은 세워 넣는 것보다
위로 겹쳐서 정리하는 게 좋다.

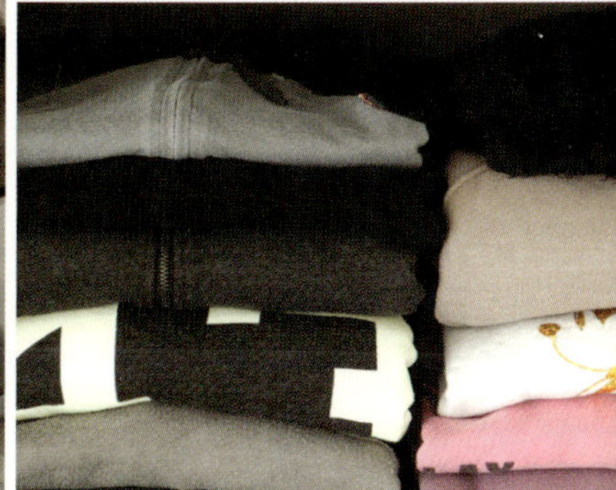

[주름 없이 수납하는 요령]

아무렇게나 개어 쌓아두면 공간 활용이 비효율적이고 옷에 주름이 생긴다. 평평한 바닥에 놓고 갠 다음 굴곡이 생기지 않게 보관한다. 이렇게 정리해두면 특별한 손질 없이 바로 꺼내 입을 수 있어 편리하고 옷이 손상되는 것을 막을 수 있다.

[바지 수납]

정장 바지는 옷걸이에 하나하나 걸고, 면바지나 청바지는 돌돌 말아서 수납한다. 이때 수납장 밑에 넣는 것보다 눈높이 정도에 보관하면 꺼내 입기도 편하고 세탁한 바지도 바로 돌돌 말아 끼워 넣을 수 있다. 청바지를 수납한 칸 위아래에는 함께 즐겨 입을 만한 상의를 정리해두는 게 좋다.

[스카프 수납]

스카프는 주름지지 않도록 가볍게 접어 보관한다. 집게가 달린 옷걸이에 걸어두는 경우가 있는데 골라 쓸 때는 편리하지만 자칫 집게로 인해 스카프가 손상될 수 있다. 가볍게 개어 서랍장에 넣어두거나 걸어둔다.

[행어 수납]

형태를 살려야 하는 옷들은 종류별로 구분하여 행어에 걸어둔다. 옷을 행어에 걸어둘 때는 옷 앞뒤로 여유가 있어야 꺼내고 넣기도 수월하고 옷끼리 겹쳐서 생기는 주름도 막을 수 있다.

154

[바구니 수납]

사각 바구니는 수납할 때 활용도가 높다. 옷을 깔끔하게 관리할 수 있는 것은 물론 옷에 흠집이 날 염려도 없다. 바구니는 트인 쪽을 통해 물건을 쉽게 넣고 꺼낼 수 있다는 것이 큰 장점이다. 특히 옷장의 최상단이나 최하단에 수납할 때 효율적이다. 패브릭 커버를 씌워두면 더욱 깔끔하다.

[선반 수납]

칸칸 수납장은 공간을 잘 활용하면 훨씬 많은 옷을 수납할 수 있다. 맨 위 칸은 철지난 옷을 넣어두고, 눈높이 선반에는 자주 입는 아이템을 정리해둔다. 칸칸의 높이가 낮으면 죽은 공간이 되기 쉬운데 이때 깊이에 맞는 바구니를 선반에 놓아두면 서랍처럼 넣었다 빼며 편리하게 사용할 수 있다.

[액세서리 보관]

액세서리는 보통 금속 제품이 많은데 같은 소재끼리
분류한다. 목걸이, 팔찌, 시계, 반지 등 소품을 넣어
두는 수납 박스를 만들어 한눈에 찾기 쉽게 칸을 분
리해 보관하면 효율적이다. 한 번 착용한 액세서리는
마른 수건으로 닦아서 보관하자. 특히 진주는 땀이나
물기에 약하니 주의한다. 가죽 벨트는 괜찮지만 인조
가죽 벨트는 키친타월을 길게 두 장씩 겹쳐놓고 같이
말아두면 변색되는 것을 막을 수 있다. 이것이 번거
롭다면 길게 늘어뜨려 걸어둔다.

156

[모자 보관]

모자는 잘못 보관하면 처음 살 때
와 달리 전체적인 형태나 챙의 라
인이 흐트러져 쓰지 못하게 된다.
머리가 들어가는 부분이 눌리지
않게 신문지 등을 돌돌 말아 넣어
두도록 한다.

[가방 보관]

가방은 어떻게 보관하느냐에 따
라 제품 수명이 달라진다. 일단 가
방의 모양이 흐트러지지 않도록
신문지 등을 구겨 넣어 볼륨감을
살린 상태로 부직포 주머니에 담
아 세워둔다. 그리고 눈에 잘 보이
는 곳에 놓아둬야 때와 장소에 맞
춰 센스 있게 스타일링할 수 있다.
고가의 가방이라면 구입할 때 담
겨 있던 종이 상자를 그대로 사용
하는 게 좋다.

[폴로셔츠 접는 법]

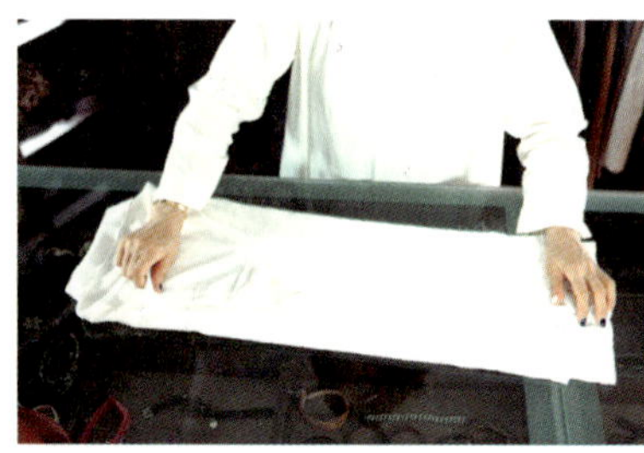 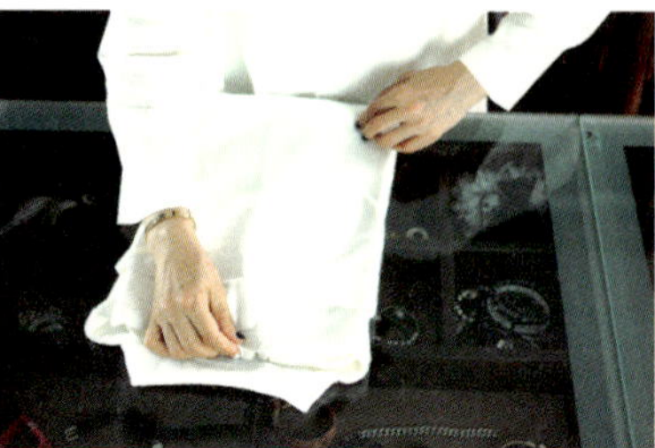 

1. 폴로셔츠는 깃과 가슴 부분에 주름이 생기지 않도록 주의한다. 셔츠의 단추를 채우고 깃을 바로잡은 다음 뒷면을 위로 오게 놓는다. 깃이 있는 어깨선을 2~3㎝ 정도 띄우고 반듯하게 접어 겹친다. 이때 접는 폭은 서랍장의 너비를 고려하면 된다.
2. 접은 뒷면을 기준으로 어깨선에서 5㎝ 정도 밑을 기준으로 반 접는다. 이렇게 해야 셔츠의 깃이 흐트러지지 않게 보관할 수 있다.
3. 셔츠의 앞면을 매만져 정리한 뒤 같은 종류의 티셔츠를 켜켜이 비스듬히 넣어 수납한다.

158

[티셔츠 접는 법]

 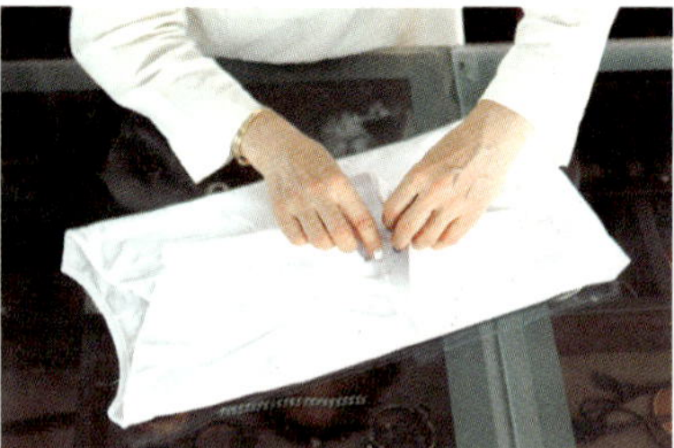

1. 깃이 없는 티셔츠를 갤 때는 주름이 생기는 목 주위를 접지 않는 것이 중요하다. 수납공간에 맞춰 폭을 정하고, 중심에 맞춰 뒤쪽으로 양끝을 접은 다음 길이에 맞춰 한 번 접는다. 이때 소매는 삼각형으로 반 접어 정리한다.
2. 밑단을 기준으로 3등분해 위로 두 번 접어 모양을 잡는다. 티셔츠의 목 부분이 위로 오게 해서 서랍장에 정리해두면 모양도 흐트러지지 않고 꺼내기도 쉽다.

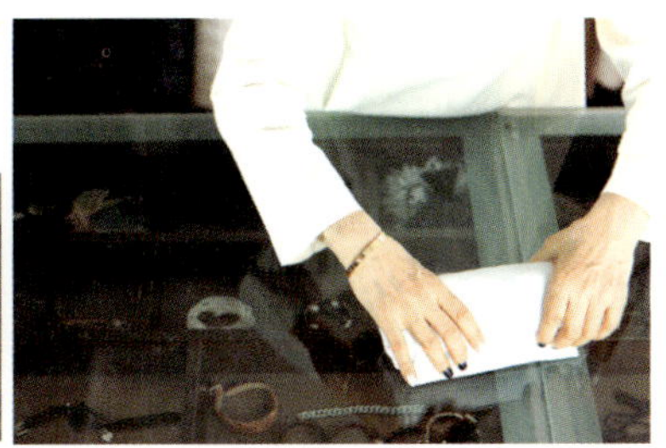

1. 면바지는 옆선과 밑 선을 잘 잡은 다음 허리선을 중심으로 반 접는다.

2. 반으로 접은 바지의 허리선을 기준으로 돌돌 만다.

3. 동그랗게 접은 바지는 말린 모양이 흐트러지지 않도록 끝 부분을 아래로 향해 차곡차곡 정리한다.

159

mie's tip

여행가방 쌀 때 옷 정리 요령   수납공간을 알차게 활용해야 하는 여행가방에 옷을 넣을 때는 키친타월 심지를 활용해보자. 종이 심지에 옷을 돌돌 말아두면 주름도 안 생기고 부피는 확 줄일 수 있다. 옷을 만 뒤 심지는 뺀다.

사용 빈도별 · 종류별로 수납

주방은 하루도 빠짐없이 이용하는 공간이다. 게다가
가족들의 먹거리를 준비하는 곳이므로 음식을 빨리
만들 수 있도록 조리 도구와 양념, 그릇이 손닿기 쉽
고 사용하기 편리하게 정리되어야 한다. 손이 쉽게
닿는 높이에는 그릇을 보관하는데, 이때 공기와 사발
을 한 번에 2개 이상 꺼내어 쓰는 경우가 많으니 위로
착착 포개어둔다. 접시는 대 · 중 · 소로 분류해 넣어
둔다. 한데 몽땅 쌓아두면 밑의 접시를 꺼낼 때 다른
접시까지 모두 꺼냈다 넣어야 해서 번거롭다. 면기나
손님 초대용 그릇은 일상적으로 쓰는 그릇보다 보관
이 조심스럽고 무거우니 아래쪽에 수납한다.

160

[미끄럼 방지 매트 수납]

[양념병 수납]

그릇을 수납할 때는 미끄럼 방지는 물론 청결 유지에 도움이 되는 PVC 소재 매트를 깔아둔다. PVC 소재는 그릇을 올려두면 충격 완화도 되고 청결하게 보관할 수 있다. 또 나무 그릇장에 흠집이 생길 염려도 덜어준다. 사진의 그릇들은 아이들이 어렸을 때 사용하던 것이다.

조미료는 보기에도 좋고 꺼내 쓰기 편하게 투명용기에 담아 수납한다. 수납장에 양념이나 소스병을 넣어둘 때는 자주 쓰는 걸 앞쪽에 놓는다. 선반 위에 정리해둔 물건이나 서랍 안에 넣어둔 물건들이 모양새 있게 빛을 발해야만 완벽한 수납공간이 된다.

[다기 수납]

모든 수납은 종류별·소재별로 분류하는 것이 기본
이다. 위쪽 서랍에 비는 공간이 있다면 무겁지 않은
다기를 보관해도 좋다. 한눈에 쏙 들어오고 문을 여
는 순간 전시된 듯 놓여 있는 그릇을 보면 기분까지
좋아진다.

[조리 도구 수납]

물건을 마구잡이로 서랍 안에 넣어두면 필요한 것
을 찾기도, 꺼내 쓰기도 어렵다. 수납할 물건의 크
기에 맞춰 칸을 나누어 정리하면 놀랄 만큼 수납량
이 늘어난다. 특히 크기와 모양이 다양해 정리가 까
다로운 조리 도구를 수납하는 데는 칸막이가 큰 위
력을 발휘한다.

위쪽 선반에 유리그릇이나 연한 색의 식기를 놓아두면 무거워 보이지도 않고 잘 정돈된 느낌을 준다. 또한 팔을 뻗어야 닿는 높이에는 평평한 접시보다 우묵한 사발이나 컵 등 확실히 잡고 꺼낼 수 있는 것을 두는 게 안전하다. 내가 쓰는 수납장은 문이 나무 소재지만 투명한 유리로 되어 내부가 보이는 그릇장을 사용할 때는 편리성과 외관을 고려해 선택하도록 한다.

그릇은 대개 선반에 놓고 사용하게 마련. 하지만 서랍장을 잘 활용하면 앞에 있는 그릇을 다 치우고 그릇을 꺼내는 수고도 덜고 한눈에 필요한 것을 꺼내 쓸 수 있어 효율적이다. 자주 사용하는 식기, 사용 빈도가 낮은 손님용 식기, 특별 요리에 필요한 식기로 분류하여 수납 한다.

163

[왜건 활용 수납]

자주 사용하는 물건의 경우 수납장에 넣어두고 쓰기 번거롭다면 바퀴 달린 왜건을 활용하는 것도 방법이다. 서랍이 있는 왜건은 자잘한 물건을 넣어둘 수 있어 더 요긴하다. 주방이나 욕실 등에서 활용하기도 좋다.

<h1>mie's tip</h1>

자잘한 생활용품은 안 보이게 정리

생활에 꼭 필요한 티슈나 주방 한쪽에 놓인 양념통, 식료품 등은 패키지가 컬러풀해 눈에 띄는 곳에 놓아
두면 집 안이 지저분해 보인다. 자잘한 생활용품은 문이 달린 수납장 안에 넣어 깔끔하게 관리하자.

인테리어 소품

대개 공간을 꾸밀 때는 원하는 분위기의 벽지와 적절한 가구를 찾는 데 힘을 쓴다.
하지만 집을 집답게 만드는 마무리는 바로 '디테일'에 있다.
인테리어의 디테일이 되는 소품은 공간의 분위기를 살리는 요소로
얼핏 중요치 않아 보이지만 실은 인테리어의 완성도를 높이는 데
무엇보다 특별한 역할을 한다.

감각적인 공간을 만드는 소품

우리 집에 온 손님이 현관문을 열고 들어섰을 때 가장 처음 보는 것은 근사한 침실이나 멋진 주방이 아니다. 그보다는 걸려 있는 그림이나 사진 등 다양한 소품과 한쪽에 놓아둔 작은 꽃송이가 눈에 들어올 것이다. 따라서 집을 꾸미려면 자신이 가지고 있는 소품의 선택과 배치가 얼마나 중요한지를 알아야 한다. 도자기, 유리병, 쿠션 등은 실내 인테리어의 완성도를 높이는 역할을 하는 중요한 요소다. 하지만 우리 주변에 흔한 생활 속 일부라 공간의 분위기에 어떤 영향을 끼치는지 미처 생각지 못한다. 그런데 인테리어 소품을 어떻게 활용하느냐에 따라 집주인의 취향은 물론 그 가정의 분위기 등이 그대로 드러난다. 지금 우리 식구가 사는 집 안을 가득 채운 소품들은 모두 여행지에서 구입해 행여나 망가질까 싶어 양손에 들고 다니고, 비행기에 탑승할 때도 꼭 안고 탄 것들이다. 그렇게 오랜 세월 세계 곳곳을 여행하며 하나하나 사 모은 애장품이다.

집을 꾸미려면 골격이 갖춰진 공간에 디테일을 더함으로써 숨결을 불어넣고 자신만의 개성을 담아야 한다. 디테일의 중요성과 그 가치를 실현시키려면 소품의 배치와 배열, 적절한 비례에 관한 원칙, 그리고 물건을 눈에 가장 잘 띄게 편집하는 방법을 잘 알아두고 소품의 매력을 충분히 살릴 수 있도록 섬세하게 배치해야 한다.

일부러 찾아가서 사오거나 우연히 구입한 맘에 쏙 드는 소품을 어디에 사용할까 고민하는 즐거움, 또 생각한 곳에 놓아두고 주변과 잘 조화를 이뤘을 때 느끼는 기쁨. 크든 작든 하나하나 모아둔 것으로 생활공간을 쾌적하게 꾸밀 때 큰 보람을 느낀다.

뉴질랜드 여행지에서 구입한 것으로 티라이트
를 켜두면 불빛이 비친 유리병이 더욱 빛을 내
며 반짝인다.

1. 꽃을 담기도 하지만 그냥 보기에도 예쁜 유리병. 파리에서 구입한 것인데 행여 깨질까 싶어 폭신한 옷 사이사이에 넣어 기내에 들고 타기까지 했다. 구입해서 오는 내내 얼마나 흐뭇하던지, 안 먹어도 배가 부른 기분이었다.

2. 초를 담아두는 컵으로 크리스마스 때 티라이트를 켜두면 아주 멋스럽다. 환상적인 컬러에 반해 파리에서 구입한 제품이다. 파손되지 않게 일부러 들고 다니기까지 했는데 한국에 도착해 가방을 열어보니 3개나 깨져서 마음이 아팠다.

3. 크리스마스 오너먼트로 파리에서 구입한 벨기에 제품이다. 오너먼트는 줄을 매달아 길게 늘어뜨리기도 하지만 바구니에 담아두기만 해도 크리스마스 분위기를 살릴 수 있다. 사랑스럽고 귀티 나는 디자인이라 보기만 해도 행복해진다.

4. 밀라노에서 구입한 장식용 유리병. 티라이트 홀더와 색깔을 맞춰 테이블 센터피스나 가드닝 장식으로 사용한다.

소품을 활용한 데코법

단단하고 섬세한 특징이 매력적인 유리 제품은 투명한 것과 투명하지 않은 것, 투박한 것과 섬세한 것, 컬러가 다채로운 것과 무색인 것, 커팅, 에칭 등 여러 가지 방식으로 표면을 처리한 것 등 놀랄 만큼 디자인과 종류가 다양하다.

172

유리 소품은 실내 장식에서 중요한 역할을 한다. 다른 소재와 섞어 장식하면 공간에 시원하고 투명한 느낌을 줄 수 있다. 이 컵들은 모두 파리에서 구입했다.

유리 케이스에 원두를 깔고 초를 넣어두면 커피 향이 감돌아 좀 더 색다른 분위기가 연출된다. 유리 케이스는 맞춤 제작할 수 있다. 케이스 안에 꽃이나 화분 등을 넣어 장식하면 미니 온실 같은 분위기를 자아낸다.

1. 오래된 사진이나 작은 물병 하나라도 좋다. 특별할 것 없는 물건이라도 어떻게 배치하느냐에 따라 그 공간에 생기가 돌고 그 물건도 생명력을 갖는다.

2. 그릇에 애정이 많다 보니 서랍장을 열면 갖가지 디자인과 색깔의 그릇이 가득하다. 이 그릇들을 다양하게 믹스매치하는 것이 즐겁다.

3. 사이드 테이블에 좋아하는 소품을 올려두는 것도 집 안에 활기를 불어넣는 방법 중 하나다. 유럽 출장을 갈 때마다 하나씩 사 모은 예쁜 소품들이 집 안 곳곳을 가득 채운다. 계절에 따라, 또는 생일이나 크리스마스 등 특별한 이벤트가 있을 때마다 소품들을 꺼내 집 안을 꾸미곤 한다.

좋아하는 그릇과 아이들에게 받은 편지와 같이 추억을 담은 소품들을 진열해두었다. 이 그릇들은 장식용이 아니고 항상 자주 사용하는 그릇이자 살아 있는 소품이다. 장식장에 놓아두는 접시나 찻잔은 보는 재미를 고려해 장식한다.

홍미애의 집 그리고 살림

자주 보는 책을 이용한 데코 요령. 오드리 헵번과 코코 샤넬은 지금의 홍미애 스타일을 만들어준 인물들이다. 지금도 이들의 관련 서적을 곁에 두고 즐겨 본다.

나의 살림

my kitchen, my food

건강한 음식

매일 먹는 밥, 김치, 된장, 고추장 그리고 시장에 나가면
쉽게 만날 수 있는 수많은 채소처럼 자연에서 나고
늘 가까이 두고 즐겨 먹는 먹거리로 차린 밥상이 가장 건강하다.
나는 싱싱한 채소를 생채로 먹든, 익혀 먹든 양념을 많이 하지 않는다.
지나친 양념은 재료 고유의 향과 맛을 잃게 하기 때문이다.

매 일 먹 는 밥 상

내가 흔히 밥상에 올리고 즐겨 먹는 집밥 레시피는 짠맛을 줄이고
채소와 과일을 달여 만든 맛간장으로 심심하게 조리한 음식이 대부분이다.
또한 재료는 쉽게 구할 수 있고 최대한 싱싱한 것을 이용한다.
요즘은 몸에 좋다는 귀한 식재료가 너무도 많다.
하지만 비싸고 구하기 힘든 재료보다 손쉽게 사서 냉장고에 수시로 채워놓을 수 있는
먹거리로 간을 줄이고 그때그때 조금씩 조리해 신선하게 먹는 것을 기본으로 한다.

* 모든 레시피는 1인분 기준입니다.

"고추장 양념으로 매콤하게 무친 오징어채무침 하나면 밥 한 그릇을 뚝딱 비우지요.
매콤달콤한 맛이라 가족 모두 좋아하는 반찬이랍니다."

매콤한 오징어채무침

　조미 오징어채 30~40g, 통깨 약간

[양념] 고추장 30g, 물엿 2큰술, 다진 마늘 · 참기름 1작은술씩, 통깨 약간

만들기

1. 오징어채는 먹기 좋게 가위로 잘라요.

2. 양념 재료는 고루 섞어 부드러워지도록 충분히 저어요. 고추장이 뻑뻑하니 미리 물엿을 섞어 부드럽게 풀어두세요.

3. 2의 양념장에 오징어채를 넣고 손으로 강하게 힘을 주어 버무려요. 그래야 마른 오징어채에 양념이 골고루 잘 배요.

1　　2　　3

mie's 손맛 비결

물엿으로 깊은 손맛 내기

볶음 · 구이 · 무침 요리를 만들 때 물엿을 넣으면 윤기가 돌면서 구수하고 단맛을 내요. 설탕보다 달지 않고 농도가 묽어서 따라 쓰기도 편리하지요. 특히 시간이 지나도 수분과 질감이 보존되어 음식의 맛이 유지되고 깊은 맛을 더해줘요. 아침에 만든 반찬이 저녁때까지 촉촉하고 식감도 한결 부드럽답니다. 설탕보다 칼로리가 낮은 것도 장점이에요. 또한 물엿은 투명해서 음식 본래의 색이 그대로 살아 있지요. 다만 물엿을 넣고 가열하면 끈기가 풀어지니 요리 맨 나중에 넣고 가볍게 섞는 게 좋아요.

"밥도둑이라 불리는 무말랭이무침은 꼬들꼬들 씹히는 맛이 일품이죠.
고춧잎까지 쪄서 넣고 무치면 맵싸한 맛이 아주 별미랍니다."

고춧잎무말랭이무침

 무말랭이 50g, 말린 고춧잎 20g, 통깨 약간

[양념] 맛간장 4큰술, 물엿 3큰술, 고춧가루 · 다진 마늘 1큰술씩

[멸치다시마국물] 다시마 40g, 국물용 멸치 10g, 표고버섯 2개, 물 500㎖

만들기

1. 무말랭이는 물에 담가 불린 뒤 서너 번 헹구어 물기를 짜고, 말린 고춧잎은 흐르는 물에 몇 번 씻어 물기를 꼭 짜요.

2. 맛간장, 물엿, 고춧가루, 다진 마늘, 멸치다시마국물을 고루 섞어요.

3. 무말랭이와 고춧잎, 양념장을 고루 버무려 하룻밤 재우고 상에 낼 때 통깨를 뿌려요. 이렇게 해야 꼬들꼬들하면서 부드러운 식감이 살아나요.

185

1

2

3

mie's 맛간장 만들기

1. 물 500㎖에 다시마 1장과 마른 표고버섯 3장을 넣고 끓여 다시마국물을 준비해요.
2. 냄비에 간장 1000㎖, 양파 · 당근 1/2개씩, 마늘 1톨, 생강 1쪽, 1의 다시마육수를 넣고 7~8시간 끓여요. 맛간장 하나면 온갖 국부터 무침까지 만들 수 있어요.

"제 어머니는 밥을 지으실 때 마른 오징어를 얹어 쪄내곤 하셨어요.
찐 오징어를 깨끗이 씻은 돌 위에 올려 방망이로 두드려 부드럽게 만든 뒤
잘게 찢어 직접 만든 간장 등 갖은 양념에 무쳐 밥상에 내셨죠.
결혼 후 어머니께 전수받은 레시피인데 주변 지인들도 좋아해서
넉넉히 만들어 나눠 먹기도 한답니다."

마른오징어맛간장무침

준비하기 마른오징어채(쪄서 손으로 찢은 것) 30~40g, 청양고추 1개, 통깨 약간
[양념] 고춧가루 4큰술, 맛간장(또는 간장) 2큰술, 맛술 · 다진 마늘 · 물엿 · 참기름 1작은술씩, 설탕 · 통깨 약간씩

만들기

1. 고춧가루를 제외한 양념 재료를 고루 섞어요.

2. 1에 고춧가루를 넣고 충분히 잘 불도록 고루 섞어요.

3. 청양고추는 어슷하게 썰어 씨를 털어내요.

4. 2에 오징어채와 청양고추를 넣고 나물을 무치는 느낌보다 좀 더 강하게 버무려요. 이렇게 해야 뻣뻣한 오징어 결이 더 부드러워져요. 마지막으로 통깨를 뿌리고 가볍게 섞어요.

"가을 콩잎을 간장이나 소금에 절인 뒤 양념해 먹는 반찬이에요.
늦가을 서리가 내린 후 낙엽이 질 때 콩잎을 따서 된장에 박아 넣고
누렇고 부드러워지도록 삭혀서 살짝 데쳐 양념에 버무려 먹는 별미 반찬이죠."

콩잎절임

준비하기   삭힌 콩잎 80장, 멸치젓 ⅓컵, 고춧가루 · 맛간장(또는 간장) · 다진 마늘 1큰술씩, 통깨 약간

만들기

1. 삭힌 콩잎은 물에 20~30분 담가두었다가 헹군 뒤 끓는 물에 3~5분 정도 삶아 건져요. 콩잎의 소금기를 빼는 과정으로 삶은 콩잎은 찬물에 헹구어 물기를 꼭 짜고 한 장씩 펴두세요.

2. 멸치젓, 고춧가루, 맛간장, 다진 마늘을 고루 섞어 양념을 만들어요. 통깨는 씻어서 껍질을 벗겨내고 볶는데요. 껍질을 벗기면 통깨가 약간 맑은 노란빛을 띠어 완성된 음식이 더 깔끔해 보인답니다.

3. 콩잎을 2~3장씩 놓고 양념을 고루 펴 바른 다음 통깨를 뿌려요. 이런 식으로 콩잎을 켜켜이 쌓으며 양념한 다음 하루쯤 뒤에 먹으면 돼요.

"소고기를 곱게 다져서 갖은 양념에 버무려 지진 전이에요.
밥반찬으로도 좋고 명절 음식이나 술안주로도 그만이죠.
대개 소고기반죽을 동그랗게 빚어 부치는 것과 달리 양념이 잘 밴 다진 소고기에
달걀을 섞어 넣고 동글납작하게 지지면 색다르게 즐길 수 있어요."

소고기완자전

준비하기   소고기 60g, 달걀 2개, 대파 1대, 청양고추 2개, 맛간장 · 참기름 · 다진 마늘 1큰술씩 올리브유 약간

만들기

1. 소고기는 부드럽게 다지고, 대파와 청양고추도 잘게 다져요.

2. 다진 소고기와 대파, 청양고추, 맛간장, 참기름, 다진 마늘을 고루 섞어요.

3. 소고기에 양념이 잘 밴 듯하면 달걀을 넣어요.

4. 재료가 잘 어우러지게 고루 섞은 뒤 지름 3~4cm 크기로 동글납작하게 빚어요.

5. 달군 팬에 올리브유를 두르고 4를 올려 지지세요. 중불에서 약불로 낮춰 은근히 지져야 고루 잘 익어요.

1   2   3

4   5

"고기를 재울 때 설탕 대신 과일을 갈아 넣으면 단맛도 나면서
육질이 한결 부드러워 아이들이 어릴 때부터 즐겨 해 주던 메뉴예요.
짜지 않게 양념한 맛깔난 불고기로 덮밥을 만들면 손님 접대용 일품요리로도 손색없답니다."

과일불고기

준비하기   소고기(불고기용) 100g, 대파 50g, 사과 ⅓개, 양파 ½개, 슬라이스 파인애플 1쪽
[양념] 다진 마늘 3큰술, 맛간장 2큰술, 참기름 1작은술

만들기

1. 사과, 양파, 파인애플은 믹서에 갈아요. 이때 육수나 파인애플주스를 조금 넣어도 좋아요.

2. 소고기에 1과 양념 재료를 모두 넣고 버무려 맛이 잘 배게 해요.

3. 대파는 어슷하게 썰고, 양파는 채 썰어요.

4. 팬에 2의 소고기를 볶다가 고기가 거의 익으면 대파와 양파를 넣고 중불에서 재빨리 익혀요. 설탕을 넣지 않아도 맛있게 단맛이 나는 담백한 불고기가 완성된답니다.

1

2-1

2-2

3

4

매운돼지고기볶음

준비하기   돼지고기(불고기용) 100g, 양파 ½개, 대파 50g, 올리브유 약간
[양념] 맛간장 3큰술, 고추장 · 물엿 2큰술씩, 다진 마늘 1큰술

만들기
1. 돼지고기는 양념에 고루 버무려요.
2. 양파는 채 썰고, 대파는 어슷하게 썰어요.
3. 달군 팬에 올리브유를 두르고 양념한 돼지고기를 볶아요.
4. 고기가 거의 익으면 양파와 대파를 넣고 재빨리 볶아내요.

취나물밥

준비하기 쌀 1컵, 말린 취나물 30g, 물 1~1½컵

[비빔양념장] 맛간장 2큰술, 참기름 2작은술, 다진 파 1~2작은술, 다진 청양고추 적당량

만들기

1. 쌀은 잘 씻어서 1시간 정도 불린 뒤 체에 건져 물기를 빼요.

2. 말린 취나물은 30분쯤 물에 담가두었다가 헹구어 물기를 꼭 짜요.

3. 솥에 불린 쌀과 취나물을 섞어 넣고 물을 부어 밥을 지어요. 이때 밥물은 평소보다 적게 잡으세요. 비빔양념장 재료를 고루 섞어 취나물밥에 곁들여 내요.

"부산 사람들의 향수를 자극하는 유부주머니탕이에요.
시원한 국물에 속이 꽉 찬 유부주머니를 넣고 끓인 탕 한 그릇이면 속이 든든하지요.
지나간 옛 추억이 새록새록 떠오를 거예요."

부산어묵유부주머니탕

준비하기   부산 어묵 50g, 대파 ½대

[유부주머니] 유부주머니 10장, 당면 1줌, 당근 50g, 미나리 40g, 다진 소고기 30g, 맛간장 ½큰술, 설탕 ½큰술, 참기름 1작은술, 소금 · 후춧가루 약간씩

[맛국물] 국물용 멸치 10마리, 다시마(5×5㎝) 1장, 무 · 대파 50g씩, 표고버섯 2개, 양파 ½개, 물 6컵

만들기

1. 냄비에 맛국물 재료를 넣고 10분 정도 끓여요.

2. 유부주머니를 만들어요.(하단 조리법 참고)

3. 어묵은 삼각형, 네모, 둥근 모양으로 썰어요.

4. 대파는 길이로 썰어 반 가르고요.

5. 냄비에 맛국물과 어묵을 넣고 끓여요.

6. 5에 유부주머니를 넣고 끓으면 대파를 넣어요.

7. 재료가 다 익으면 그릇에 담고 먹기 직전 유부주머니를 가위로 자르세요. 이렇게 하면 유부주머니 안의 재료가 국물과 어우러져 진한 맛의 부산식 어묵유부주머니탕을 즐길 수 있어요.

mie's 유부주머니 만들기

1. 각 재료를 손질하세요.

    당면 – 물에 담가 불리거나 끓는 물에 살짝 삶아 물기만 빼고 적당히 썰어요.

    다진 소고기 – 팬에 넣고 참기름, 소금, 후춧가루로 간해 물기가 없을 정도로 볶아 한 김 식혀요.

    당근 – 잘게 썰어 팬에 살짝 볶아요.

    미나리 – 살짝 데친 뒤 줄기 10개만 빼고 모두 송송 썰어요.

    유부 – 끓는 물에 데쳐 찬물에 헹구고 물기를 꼭 짠 뒤 밀대로 납작하게 밀어 ½등분해요.

2. 당면, 소고기, 당근, 미나리를 고루 섞어요.

3. 유부주머니에 2를 꽉 채워 넣고 미나리로 돌려 묶어요.

"요란한 양념 없이 단출하게 만든 음식이 몸에 좋아요.
만들기 쉬우면서 맛도 좋은 오징어뭇국은 하루 전날 끓여두면 더 깊고 시원한 맛이 난답니다.
건강을 생각하면 오징어는 껍질째 조리하고, 맑고 깔끔한 국물을 원한다면 껍질을 벗기고 조리하세요."

오징어뭇국

준비하기　오징어 1마리, 무 ½개, 대파 1대, 다진 마늘 2큰술, 소금 약간

[맛국물] 마른 밴댕이(또는 국물용 멸치) 10마리, 표고버섯 2개, 양파 ½개, 무 ½개, 대파 ½대

만들기

1. 냄비에 맛국물 재료를 넣고 맛이 우러나도록 끓인 뒤 밭쳐요. 국물용 멸치를 쓰면 구수한 맛을 내고, 마른 밴댕이는 멸치보다 짠맛이 거의 없고 국물 맛이 깔끔해요.

2. 오징어는 배를 갈라 내장을 제거하고 흐르는 물에 씻어 먹기 좋은 크기로 채 썰어요. 무는 납작하게 썰고, 대파는 어슷하게 썰고요.

3. 냄비에 무, 1의 맛국물을 넣고 불에 올려요. 국물이 끓어오르면 오징어와 대파, 다진 마늘을 넣고 소금으로 간해요. 오징어는 너무 오래 끓이면 질겨지니 마지막에 넣으세요. 무는 얄팍하게 썰어 넣어야 국물 맛도 시원해지고 빨리 익는답니다.

197

1

2

3

"가을에 나는 고구마와 몸에 좋은 표고버섯을 쑹덩쑹덩 썰어 밥을 지어보세요.
달큼한 고구마와 쫄깃한 표고버섯이 잘 어우러져 김치만 있어도 한 그릇 금세 비우게 되지요.
밥을 지을 때는 밥물을 평소보다 조금 적게 잡으세요."

고구마표고버섯밥

　쌀 2컵, 말린 표고버섯(또는 생표고버섯) 2개, 고구마 1개, 물 1⅓컵

만들기

1. 쌀은 잘 씻어서 1시간쯤 불린 뒤 체에 건져 물기를 빼요.

2. 말린 표고버섯은 물에 불려서 꼭 짠 다음 채 썰고요.

3. 고구마는 깨끗이 씻어 껍질째 적당한 크기로 잘라요.

4. 솥에 불린 쌀과 표고버섯, 고구마를 섞어 넣고 물을 부어 밥을 지으세요. 이때 밥물은 평소보다 조금 적게 넣으세요. 고구마와 버섯에서 수분이 나오므로 물 양을 조절해야 고슬고슬 맛있는 밥을 지을 수 있어요.

199

1　　　　2　　　　3　　　　4

"입맛 없을 때 팔팔 끓는 물에 소면을 쫄깃하게 삶고
채 썬 양배추를 넣어 고추장양념에 버무려보세요.
뚝딱 만든 부침개 한 장을 곁들여 먹으면 맛깔난 주말 점심 메뉴로 딱이랍니다."

비빔국수

 소면 100g, 양배추 30g, 오이 ⅓개

[양념장] 고추장 30g, 맛간장 · 식초 · 물엿 1큰술씩, 참기름 · 다진 마늘 1작은술씩

만들기

1. 냄비에 물을 충분히 붓고 팔팔 끓으면 소면을 넣고 쫄깃하게 삶아요. 2인분 기준 물의 양은 5컵 정도가 적당하고, 소금을 약간 넣으세요. 삶은 소면을 마지막에 얼음물에 헹구면 더욱 쫄깃해요.

2. 양배추와 오이는 곱게 채 썰어요.

3. 양념장 재료는 고루 섞어요. 이때 설탕보다 물엿을 넣어야 부드러운 단맛을 낼 수 있어요.

4. 소면과 양배추, 양념장을 고루 버무려 그릇에 담고 오이채를 고명으로 올려요.

201

1

2

3

mie's 손맛 비결 _______________

국수 쫄깃하게 삶기

끓는 물에 국수를 펼쳐 넣고 기다란 젓가락으로 국수가 잘 익도록 휘휘 저으세요. 물이 다시 끓어오르면 찬물을 조금 붓는 걸 2회 정도 반복하고요. 삶은 국수는 흐르는 물에 비벼가며 씻어 전분을 뺀 다음 마지막으로 얼음물에 헹구면 면발이 쫄깃쫄깃해요.

"경상도 사투리로 시락국이라고 부르는 시래기된장국은 가을철 잘 말려둔 시래기를
추운 겨울에 구수한 된장을 풀고 끓여 먹으면 아주 일품이지요.
특히 날씨 추운 날, 저녁 밥상에 오른 뜨끈한 시래기된장국은 마음까지 녹여주는 듯해요.
외출 후 귀가한 식구들에게 국 한 그릇으로 따스한 사랑을 전해보세요."

시래기된장국

준비하기   말린 무청 100g, 된장 4큰술, 대파 ½대, 다진 마늘 2작은술, 소금 약간, 멸치국물 5컵(국물용 멸치 35마리,
말린 표고버섯 5개, 물 6~7컵)

만들기   1.   냄비에 멸치와 표고버섯, 물을 넣고 끓여 멸치국물을 만들어요.

2.   말린 무청은 10~15분 정도 삶은 후 찬물에 헹구어 잘게 썰어요. 이때 무청은
    얇은 껍질을 벗겨내야 식감이 부드럽답니다.

3.   삶은 무청은 된장 2큰술을 넣고 조물조물 무쳐요.

4.   냄비에 멸치국물과 3을 넣고 센 불로 끓이다가 약불로 줄여 끓이세요.

5.   4에 된장 2큰술을 풀어 넣고 좀 더 끓이다가 어슷하게 썬 대파와 다진 마늘을 넣
    고 소금으로 간을 맞춰요.

2

3

4

5

멸치고추장볶음

204

준비하기   중멸치 30g, 올리브유 · 통깨 약간씩
[**양념**] 고추장 2큰술, 맛간장 · 물엿 1큰술씩, 다진 마늘 1작은술

만들기   1. 멸치는 체에 쳐 이물질을 제거하세요. 그냥 요리하면 맛이 텁텁하답니다.

2. 팬에 올리브유를 살짝 두르고 멸치를 넣어 중간 불로 바삭하게 볶아요.

3. 2에 양념 재료를 넣고 고루 볶아요. 이때 물엿을 먼저 넣어 볶으면 멸치에 고추장과 간장 등 양념이 부드럽게 입혀져요.

4. 약한 불에서 고루 저어가며 볶은 뒤 불을 끄고 통깨를 넣어 가볍게 섞어요.

미역국

준비하기　마른미역 15g, 소고기 30g, 맛간장 또는 국간장 3큰술, 참기름 1큰술, 물 4컵

만들기
1. 미역은 물에 담가 10분 정도 불려요.

2. 불린 미역은 바락바락 주물어 흰 거품이 나오면 깨끗이 씻은 뒤 체에 건져 물기를 빼요.

3. 소고기는 도톰하고 작게 썰어 냄비에 참기름을 두르고 볶아요.

4. 3의 소고기가 반쯤 익으면 미역을 넣고 볶다가 물을 부어요.

5. 국물이 끓기 시작하면 맛간장을 넣어 간하고 약불로 줄여 조금 더 끓이세요.

주말 브런치

요즘은 주말에 브런치를 즐기는 사람들이 많다.
인기 미국 드라마 〈섹스 앤 더 시티〉의 주인공처럼 친구들과 수다를 떨며 먹거나
주말 아침 늦잠을 만끽한 뒤 느긋하게 남편과 마주앉아 먹는 브런치.
가정에서 든든하고 맛깔나고 편안하게 즐길 수 있는 브런치 메뉴를 소개한다.

양송이버섯피자

"제가 맨 처음 만들어본 피자는 소고기채소피자,
그리고 두 번째 시도한 것이 남편을 위해 만든 양송이버섯피자예요.
담백하면서도 기름기는 덜하고 건강에 좋은 간식거리를 찾다가 개발한 메뉴죠.
생크림 대신 부드러운 양송이버섯크림으로 깊은 맛을 냈어요.
남편과 주말에 단둘이 있을 때 즐겨 먹는 브런치 메뉴죠."

준비하기 시판 피자 도(25~33㎝) 1장, 모차렐라치즈 200g, 양송이버섯 7개, 양송이버섯크림 2큰술(양송이버섯 10개, 올리브유 또는 해바라기씨유·소금 적당량씩), 파르메산치즈 약간

만들기

1. 양송이버섯은 잘게 다져요.

2. 양송이버섯크림의 양송이는 곱게 갈아 기호에 따라 해바라기씨유와 소금을 넣고 고루 섞어요. 여기에 송로버섯유를 추가하면 풍미가 더 좋아져요. 양송이버섯크림 대신 수입식료품점에서 파는 트럼프크림을 사용해도 된답니다.

3. 피자 도에 양송이버섯크림을 고루 펴 발라요.

4. 여기에 모차렐라치즈를 100g 정도만 뿌리고 다진 양송이버섯을 고루 올려요.

5. 남은 모차렐라치즈를 올리고 파르메산치즈를 갈아 넣으세요. 집에 그뤼에르치즈나 에멘탈치즈 등이 있으면 같이 갈아 넣어도 돼요. 그다음 전기팬은 170℃에서 15분, 오븐은 200℃에서 10~15분 정도 구우면 피자가 완성돼요.

209

1   2   3   4

시금치베이컨샐러드

준비하기 시금치 ½단, 베이컨 4장, 양송이버섯 5개, 방울토마토 2개, 그라노파다노치즈 10g, 발사믹식초 3큰술,
다진 양파 · 다진 마늘 1큰술씩, 올리브유 · 소금 · 후춧가루 약간씩

만들기
1. 양송이버섯은 먹기 좋게 4등분해요.

2. 팬에 올리브유를 두르고 다진 양파와 마늘을 볶아 향을 내요.

3. 여기에 1의 버섯을 넣어 볶다가 소금과 후춧가루로 간해요.

4. 베이컨은 팬에 바삭하게 구워 키친타월에 올려 기름을 빼요.

5. 시금치는 다듬어 씻어 찬물에 담가두었다가 물기를 빼요. 방울토마토는 먹기
   좋게 썰어요.

6. 접시에 볶은 버섯과 베이컨, 시금치, 방울토마토를 담고 발사믹식초를 끼얹은
   다음 그라노파다노치즈를 갈아 넣어요.

211

1

3

4

5

블루베리콤포트를 곁들인
프렌치토스트와 오믈렛

준비하기 [프렌치토스트] 통식빵 ½개, 달걀 3개, 우유 ⅓컵, 설탕 1~2작은술, 버터 · 소금 약간씩
[오믈렛] 달걀 3개, 우유 2큰술, 소금 · 파슬리 · 포도씨유 약간씩
[블루베리콤포트] 냉동 블루베리 50g, 설탕 5큰술, 물 2½큰술

만들기

1. 식빵은 덩어리로 준비해 3~4*cm* 두께로 도톰하게 썰어요. 그다음 달걀과 우유, 설탕, 소금을 잘 섞어 식빵을 적셔요.

2. 팬에 버터를 녹이고 1의 식빵을 올려 앞뒤로 노릇하게 구워요.

3. 오믈렛 재료 중 달걀, 우유, 소금, 다진 파슬리를 고루 섞어요. 좀 더 부드러운 오믈렛을 만들고 싶다면 달걀을 체에 내려 알끈을 제거하세요.

4. 팬에 포도씨유를 두르고 구석구석 코팅한 다음 3을 천천히 부어가며 나무젓가락으로 빠르게 휘저어 익혀요.

5. 달걀이 반쯤 익으면 럭비공 모양으로 말아요. 센 불로 하면 달걀이 금방 익어 모양을 만들기 어려우니 약불로 조리하세요.

6. 냄비에 설탕을 넣고 불에 올려 다 녹으면 뜨거운 물을 넣고 끓이다가 블루베리를 넣고 좀 더 끓여요.

7. 접시에 프렌치토스트와 오믈렛을 담고 블루베리콤포트를 끼얹어요. 기호에 따라 메이플시럽을 곁들여도 좋아요.

1   3   5   6

봉골레파스타

"파스타 메뉴 중 가장 만들기 쉬워 보이지만
제대로 맛을 내고 간 맞추기가 녹록지 않은 것이 봉골레파스타예요.
하지만 모시조개나 바지락만 있으면 되니 한번 만들어보세요."

준비하기   스파게티 150g, 모시조개 15~20개, 페페론치노 5개, 방울토마토 3개, 마늘 3쪽, 양파 ¼개, 엑스트라버진
올리브유 2큰술, 다진 마늘 1큰술, 그라노파다노치즈 · 화이트 와인 · 소금 · 올리브유 · 후춧가루 약간씩

만들기   1. 모시조개는 찬물에 담가 해감해요.

2. 방울토마토는 반으로 썰고, 마늘은 얇게 저미고, 양파는 굵게 다져요.

3. 팬에 올리브유를 두르고 마늘, 양파, 페페론치노를 넣어 볶아요.

4. 3에 모시조개와 방울토마토를 넣어 볶다가 화이트 와인을 뿌리고 조개가 벌어
질 때까지 끓여요.

5. 끓는 물에 약간의 소금과 올리브유, 스파게티를 넣고 7분 정도 삶아 건져요. 이
때 면과 물의 양은 1:10 비율로 잡아요.

6. 4에 스파게티와 소금, 후춧가루, 그라노파다노치즈, 올리브유를 넣고 맛이 어
우러지도록 좀 더 볶아요.

1

3

4

6

불고기포카치아샌드위치

준비하기 포카치아 1개, 슬라이스 모차렐라치즈 3장, 양념 소고기 적당량(조리법 191쪽 참고)
슬라이스 토마토 3쪽, 로메인 3장, 샐러드 채소 · 발사믹크림 · 올리브유 약간씩

만들기

1. 포카치아는 옆면에 칼을 넣어 반으로 잘라요.

2. 자른 포카치아는 한쪽에만 모차렐라치즈를 얹어 200℃ 오븐에 넣어 5분 정도 구워요.

3. 팬에 올리브유를 두르고 양념한 소고기를 볶아요.

4. 구운 빵에 로메인, 슬라이스 토마토, 불고기를 차례대로 올리고 발사믹크림을 뿌린 다음 치즈를 녹인 빵으로 덮어 꼬치를 꽂아 고정해요. 접시에 샌드위치를 담고 채소를 곁들여요.

217

1

2

3

4

등심찹스테이크와
구운 채소

"고기를 좋아하는 아이들이 브런치 타임에도 부담 없이
스테이크를 즐길 수 있도록 만든 메뉴예요.
구운 빵을 곁들이면 브런치로 좋지만 밥과 함께 내면
밥반찬으로도 손색없어요."

준비하기
[찹스테이크] 소고기 등심 80g, 다진 양파 1큰술, 다진 마늘 1작은술, 스테이크소스 3큰술, 로즈메리 · 포도씨유 · 소금 · 후춧가루 약간씩

[구운 채소] 방울토마토 3개, 양송이버섯 · 표고버섯 2개씩, 양파 $\frac{1}{4}$개, 아스파라거스 2대, 올리브유 2큰술, 버터 1큰술, 다진 파슬리 · 소금 · 후춧가루 약간씩

만들기
1. 소고기는 한입 크기로 썰어 소금과 후춧가루로 밑간해요.

2. 팬에 포도씨유를 두르고 다진 양파와 마늘을 볶다가 로즈메리를 넣어 향을 더해요.

3. 2에 소고기를 넣고 볶아 미디엄 정도로 익혀요.

4. 3에 스테이크소스를 넣고 볶아요.

5. 팬에 올리브유를 두르고 방울토마토, 양파, 아스파라거스, 버섯 순으로 넣어 구운 뒤 소금, 후춧가루로 간하고 버터와 다진 파슬리를 넣어 버무려요.

6. 완성된 요리를 보기좋게 접시에 담아요.

1   2   3   4

시저드레싱을 곁들인
닭가슴살샌드위치

"닭가슴살 하나만 잘 구워도 그럴싸한 메뉴가 완성돼요.
닭가슴살은 손질만 잘하면 건강하고 맛있게 즐기기 좋은 대표적인 먹거리죠.
구운 닭가슴살에 아주 잘 어울리는 시저드레싱을 곁들이면
고소하면서도 담백한 맛이 일품인 샌드위치를 만들 수 있답니다."

준비하기　닭가슴살 1쪽, 포카치아 1개, 다진 마늘 1작은술, 로메인 3장, 슬라이스 토마토 3쪽, 시저드레싱 적당량, 로즈메리 · 올리브유 · 소금 · 후춧가루 약간씩

만들기

1. 닭가슴살은 4장 정도로 포를 떠 우유에 3~4시간 정도 담가둔 뒤에 물기를 닦고 올리브유, 다진 마늘, 로즈메리, 소금, 후춧가루에 버무려요. 닭가슴살을 우유에 담가두는 이유는 퍽퍽함을 없애고 누린내를 잡기 위해서예요.

2. 팬에 올리브유를 두르고 1의 닭가슴살을 구워요.

3. 반으로 자른 포카치아를 200℃ 오븐에 넣어 5분 정도 구워요.

4. 구운 빵에 시저드레싱을 골고루 발라요.

5. 4에 로메인, 슬라이스 토마토, 구운 닭가슴살을 올려 샌드위치를 만든 다음 꼬치로 꽂고 적당한 크기로 썰어 접시에 담아요.

시저드레싱　안초비 4마리, 달걀노른자 5개 분량, 레몬즙 1개 분량, 그라노파다노치즈가루 ½컵, 엑스트라버진 올리브유 ½컵, 마늘 2쪽, 생크림 2큰술, 홀그레인 머스터드 1큰술

만들기

1. 준비한 재료를 모두 믹서에 넣고 곱게 갈아요.

1　2　3　4

로즈메리닭가슴살구이와
크림시금치

"잘못하면 퍽퍽하고 잡내가 나는 닭가슴살은 로즈메리만 있으면
고급스러우면서도 향긋하게 조리할 수 있어요.
여기에 시금치를 크림소스에 볶아 곁들이면 든든한 브런치 메뉴로 그만이죠."

준비하기　닭가슴살 1쪽, 치아바타 1개, 버터 1작은술
[닭고기 밑간] 다진 마늘 1작은술, 다진 로즈메리 · 올리브유 · 소금 · 후춧가루 약간씩
[크림시금치] 시금치 50g, 양파 ½개, 마늘 3쪽, 생크림 · 우유 1컵씩, 그라노파다노치즈 2큰술, 올리브
유 · 소금 · 훗춧가루 약간씩

만들기
1. 닭가슴살은 4등분해 3~4시간 우유에 담가두었다가 물기를 닦고 밑간한 뒤 30
   분 정도 재웠다가 팬에 구워요.

2. 시금치는 다듬어 깨끗이 씻어요. 양파는 채 썰고, 마늘은 저며 썰어요.

3. 팬에 올리브유를 두르고 마늘과 양파를 볶다가 시금치, 생크림, 우유, 그라노
   파다노치즈를 넣고 끓이다가 소금, 후춧가루로 간해요.

4. 치아바타는 3등분해 버터를 두른 팬에 구워요.

5. 접시에 구운 닭가슴살을 담고 3의 크림시금치를 끼얹은 다음 치아바타를 곁들
   여요.

1　　　　3　　　　4

정갈한 초대 메뉴

나는 손님을 위한 밥상에는 동서양을 아우르는 다양한 메뉴를 올린다.
테이블은 예쁜 꽃으로 장식하고, 음식은 1인분씩 담아 낸다.
트레이에 한 끼 음식을 세트로 차려 내면 손님들이
더욱 대접받는 듯한 기분을 느낄 수 있다.
정갈하게 차려 정성스럽게 대접하는 손님을 위한 상차림을 소개한다.

매운한우갈비찜과
양파겉절이

226

"젊은 사람부터 어르신까지 두루 좋아하는 음식이 갈비찜 아닐까요.
늘 먹던 간장양념 갈비찜이 아닌 매콤한 갈비찜에 아삭하고 새콤한 양파겉절이를
곁들이면 아주 든든하고 푸짐하게 즐길 수 있어요."

매운한우갈비찜

준비하기　소갈비(찜용) 400g, 무 60g, 양파 ½개, 대파 ½대, 고춧가루 · 마늘 15쪽, 물 1½컵, 맛간장 10큰술, 물엿 5
큰술, 후춧가루 1작은술

만들기

1. 소갈비는 4시간쯤 찬물에 담가 핏물을 빼고 팔팔 끓는 물에 큼직하게 썬 무와
함께 넣어 삶아 건져요. 육수는 면보자기에 걸러 준비하세요.

2. 양파는 굵직하게 채 썰고, 대파는 어슷하게 썰고, 마늘은 굵직하게 다져요.

3. 냄비에 갈비와 맛간장, 1의 육수를 냄비 바닥에 자작할 정도로 넣고 끓여요.

4. 여기에 고춧가루, 물엿, 후춧가루를 넣고 센 불로 끓이다가 약불로 줄여 국물
이 반으로 졸아들 때 끓여요.

5. 4에 굵직하게 다진 마늘을 넣어요.

6. 마늘이 어느 정도 어우러지면 맛간장으로 간한 뒤 양파, 대파를 넣어요.

양파겉절이

준비하기　양파 ½개, 대파 ½대, 식초 2큰술, 설탕 1큰술, 참기름 · 소금 약간씩

만들기

1. 양파는 곱게 채 썰어요.

2. 대파는 곱게 어슷썰기 해요.

3. 준비한 재료를 고루 버무려 접시에 담아요.

묵은지고등어조림과
오이초무침

묵은지 고등어 조림

준비하기 고등어 1마리, 묵은지 · 무 100g씩, 양파 ⅓개, 대파 ⅓대, 물 2⅓컵
[양념장] 고추장 4큰술, 고춧가루 · 물엿 3큰술씩, 간장(맛간장) 2큰술, 다진 마늘 1큰술씩, 맛술 1작은술

만들기

1. 고등어는 손질해 씻은 뒤 2등분해요.

2. 무는 적당한 크기로 도톰하게 썰어요.

3. 양념장 재료는 고루 섞어요.

4. 냄비에 무와 묵은지를 깔고 고등어를 올려요.

5. 4에 양념장과 물을 끼얹고 끓기 시작하면 중불로 줄여 뭉근하게 조려요.

6. 충분히 조린 뒤 채 썬 양파와 어슷하게 썬 대파를 넣어요.

오이 초무침

준비하기 오이 1개, 양파 ⅓
[양념] 고춧가루 · 식초 · 설탕 ⅓큰술씩, 다진 마늘 1작은술, 깨소금 1작은술, 소금 ⅓작은술

만들기

1. 오이는 칼등으로 가시를 긁어내고 씻은 뒤 먹기 좋게 썰어요. 양파는 채 썰어요.

2. 양념 재료는 고루 섞어요.

3. 오이, 양파, 2의 양념을 고루 버무려요.

한우크림소스리가토니와
채소피클

한
우
크
림
소
스
리
가
토
니

준비하기 한우 안심 70g, 리가토니 150g, 양송이버섯 · 표고버섯 2개씩, 크림소스 1½컵(생크림 10큰술, 우유 5큰술), 그라노파다노치즈 3큰술, 올리브유 2큰술, 다진 양파 1큰술, 마늘 3~4쪽, 다진 파슬리 · 소금 · 후춧가루 약간씩

만들기

1. 소고기는 먹기 좋게 한입 크기로 썰고, 양송이버섯과 표고버섯은 4등분해요.

2. 마늘은 저며 썰고, 그라노파다노치즈는 곱게 갈아요.

3. 끓는 물에 리가토니를 넣어 삶아요.

4. 팬에 올리브유를 두르고 다진 양파와 마늘을 볶아요.

5. 여기에 소고기와 버섯을 넣어 볶다가 소금, 후춧가루로 간해요.

6. 5에 크림소스와 다진 파슬리를 넣고 끓으면 그라노파다노치즈를 넣어요.

7. 6에 삶은 리가토니를 넣고 적당히 걸쭉해지면 접시에 담아 내요. 크림소스를 넣고 오래 끓이면 크림이 분리되니 적당히 끓이세요.

채
소
피
클

준비하기 오이 2개, 양파 · 파프리카 1개씩, 무 ½개
[절임물] 물 3컵, 설탕 · 식초 1½ 컵씩, 소금 3큰술, 향신료(로즈메리 · 월계수잎 · 피클링스파이스) 적당량

만들기

1. 준비한 채소는 먹기 좋은 크기로 썰어요.

2. 냄비에 절임물 재료를 넣고 끓여요. 소독한 유리병에 채소를 넣고 절임물을 부어 상온에 2~3일 두었다가 냉장실에 보관하세요.

232

"통조림 골뱅이로 고급스런 파스타 메뉴를 만들어보세요.
페페론치노의 매콤한 맛이 골뱅이와 잘 어우러져 끝맛이 아주 개운하답니다.
여기에 고소한 수프를 곁들이면 좀 더 격식 있는 한 끼 식사를 즐길 수 있어요."

골뱅이링귀니

준비하기 골뱅이(통조림) 10마리, 링귀니 150g, 페페론치노 2개, 청경채 2~3포기, 마늘 2쪽, 다진 양파 · 올리브유 2큰술씩, 간장 1작은술, 골뱅이육수(통조림국물) ½컵, 다진 파슬리 · 설탕 · 소금 · 후춧가루 약간씩

만들기
1. 청경채는 먹기 좋게 썰어요. 마늘은 저며 썰고, 양파는 굵직하게 다져요.
2. 팬에 올리브유를 두르고 다진 마늘, 양파, 페페론치노를 넣어 볶아요.
3. 여기에 물기 뺀 골뱅이를 넣어 볶다가 소금과 후춧가루로 간해요.
4. 3에 청경채를 넣어 살짝 볶다가 골뱅이육수를 넣고 끓여요.
5. 끓는 물에 링귀니를 넣어 삶아요.
6. 4에 다진 파슬리와 간장, 설탕을 넣어 간을 맞춘 뒤 삶은 링귀니를 넣고 잘 어우러지도록 볶아요.

양송이수프

준비하기 양송이버섯 10개, 채소국물 · 생크림 1컵씩, 양파 ¼개, 마늘 2쪽, 월계수잎 1장, 올리브유 · 크림치즈 2큰술씩, 소금 · 후춧가루 약간씩

만들기
1. 양송이버섯은 저며 썰고, 양파는 채 썰어요. 마늘은 칼 옆면으로 눌러 으깨요.
2. 냄비에 올리브유를 두르고 양송이버섯과 양파, 마늘을 넣어 볶아요.
3. 2에 채소국물, 생크림, 크림치즈, 월계수잎, 소금, 후춧가루를 넣고 보글보글 끓으면 중불로 줄인 다음 저어가며 끓여요.
4. 3의 월계수잎을 건져내고 블렌더로 곱게 갈아요.

궁중비빔밥과
황탯국

"비빔밥은 간단해 보이지만 손이 참 많이 가는 음식이에요.
밥 위에 얹을 몇 가지 나물을 일일이 손질해서 버무려야 하니까요.
하지만 정성껏 한 그릇을 만들어 내면
그 어떤 메뉴보다 보기 좋고 맛도 좋은 일품요리랍니다."

궁중비빔밥

준비하기 밥 2공기, 마른 표고버섯 · 호박 · 콩나물(머리 뗀 것) · 비듬나물 · 취나물 · 미나리 · 주키니 적당량씩, 식용유 · 맛간장 · 다진 마늘 · 참기름 · 깨소금 · 소금 · 고추장 약간씩

만들기

1. 표고버섯은 미지근한 물에 불린 뒤 적당히 썰어 팬에 식용유를 두르고 볶다가 맛간장을 넣고 살짝 볶아요. 주키니도 적당히 썰어 팬에 볶아 소금으로 간해요. 비듬나물, 취나물, 미나리, 콩나물은 소금을 약간 넣은 끓는 물에 각각 데친 뒤 다진 마늘, 참기름, 깨소금, 맛간장으로 양념해요.

2. 호박은 채 썰어 팬에 볶아요. 다 볶은 후 물이 생기면 체에 밭쳐 물기를 빼요.

3. 고추장은 참기름을 섞어 농도를 조절해요.

4. 그릇에 밥을 담고 손질한 재료를 보기 좋게 돌려 담은 뒤 3의 고추장을 곁들여요.

황탯국

준비하기 황태채 200g, 무 100g, 대파 ½대, 물 5컵, 참기름 2큰술, 다진 마늘 · 국간장 1큰술씩, 소금 약간

만들기

1. 황태채는 물에 가볍게 씻어 물기를 꼭 짜요.

2. 냄비에 참기름을 두르고 황태채를 볶다가 엄지손가락 크기로 자른 무와 물을 넣고 끓여요.

3. 2에 다진 마늘과 국간장, 소금을 넣어 간을 맞추고 어슷하게 썬 대파를 올려요.

토마토해산물리조토와
시저샐러드

"손님의 음식 취향을 잘 모를 때는 일반적인 요리를 내는 게 좋아요.
토마토해산물리조토는 가장 대표적인 이탤리언 소스로 만든 쌀 요리죠.
여기에 기본 샐러드 메뉴인 시저샐러드를 곁들이면 아주 잘 어울린답니다."

토마토해산물리조토

준비하기 쌀 1컵, 한치 ½마리, 새우 6마리, 모시조개 8개, 조개관자살 2개, 양파 · 피망 ½개씩, 마늘 2쪽, 방울토마토 3개, 바질잎 2장, 토마토소스 1컵, 올리브유 2큰술, 페페론치노 · 화이트 와인 · 소금 · 후춧가루 약간씩

만들기

1. 쌀은 깨끗이 씻어 물에 불린 뒤 체에 건져 물기를 빼요. 양파와 피망은 굵게 다지고, 마늘은 저며 썰어요.

2. 방울토마토는 반으로 자르고, 바질은 손으로 찢어요.

3. 한치는 동그란 모양을 살려 썰고, 새우는 껍질을 벗기고, 모시조개는 해감해요.

4. 팬에 올리브유를 두르고 양파와 마늘을 볶다가 페페론치노를 넣어 매콤한 맛을 살려요.

5. 4에 방울토마토를 넣고 볶다가 손질한 해산물을 넣어 볶아요.

6. 어느 정도 볶아지면 화이트 와인을 뿌려 잡냄새를 날려요.

7. 6에 토마토소스를 넣고 소금, 후춧가루로 간한 뒤 불린 쌀을 넣고 끓여요.

8. 재료가 다 익고 잘 어우러지면 올리브유를 약간 넣어 고루 섞고 그릇에 담은 뒤 바질을 올려요.

시저샐러드

준비하기 시저드레싱(만드는 법 221쪽 참고) 5큰술, 칵테일 새우 10마리, 로메인 10장, 레디치오 1장, 방울 토마토 3개, 그라노파다노치즈가루 1작은술, 베이컨 1장, 소금 · 버터 · 후춧가루 약간씩

만들기

1. 칵테일 새우는 달군 팬에 버터를 녹이고 볶다가 소금, 후춧가루로 간해요.

2. 로메인과 레디치오는 먹기 좋게 잘라 찬물에 담가두었다가 물기를 빼요.

3. 베이컨은 팬에 구운 뒤 키친타월에 올려 기름기를 뺀 다음 잘게 다져요.

4. 새우, 로메인, 레디치오, 방울토마토, 시저드레싱을 고루 버무려 접시에 담고 베이컨과 그라노파다노치즈가루를 뿌려요.

송로버섯오일스파게티와
차돌박이샐러드

"프랑스와 이탈리아 사람들이 가장 좋아하는 버섯이 바로 송로버섯(Truffle)이에요.
올리브유에 이 송로버섯을 담가 만든 송로버섯오일은 풍미가 매우 좋아
요리에 넣으면 고급스러운 맛을 낸답니다."

송로버섯오일스파게티

준비하기 스파게티 150g, 베이컨 4장, 마늘 1톨, 표고버섯 · 양송이버섯 3개씩, 양파 ½개, 올리브유 · 그라노파다노
치즈가루 2큰술씩, 송로버섯오일 1큰술, 다진 파슬리 · 소금 · 후춧가루 약간씩

만들기

1. 마늘은 저며 썰고, 양파는 다져요. 베이컨은 1장만 바싹 구워 잘게 다져요.

2. 베이컨 3장은 굵직하게 썰고, 표고버섯과 양송이버섯은 4등분해요.

3. 끓는 물에 스파게티를 넣고 7분 정도 삶아요. 면 삶은 물은 약간 남겨둬요.

4. 달군 팬에 올리브유를 두르고 양파와 마늘을 볶다가 2의 베이컨과 버섯을 넣
   어요.

5. 어느 정도 볶아지면 소금과 후춧가루로 간하고 3의 면 삶은 물을 약간 넣고 끓
   여요.

6. 5에 삶은 스파게티, 그라노파다노치즈가루, 1의 베이컨, 다진 파슬리를 넣어 볶
   아요.

7. 재료가 잘 어우러지면 송로버섯오일을 넣고 가볍게 뒤섞어요.

차돌박이샐러드

준비하기 차돌박이 100g, 샐러드 채소 2줌, 유자청드레싱 ½컵, 오렌지 과육 6쪽, 마늘 2쪽, 올리브유 · 다진 양파 ·
그라노파다노치즈가루 1작은술씩, 오렌지 껍질 · 소금 · 후춧가루 약간씩

만들기

1. 팬에 올리브유를 두르고 다진 양파와 저며 썬 마늘을 볶다가 차돌박이를 넣어
   볶고 소금과 후춧가루로 간해요.

2. 샐러드 채소는 다듬어 찬물에 담가두었다가 물기를 빼요. 오렌지 껍질은 곱게
   채 썰어요.

3. 2의 채소와 유자청드레싱, 오렌지 과육을 가볍게 버무려요.

4. 접시에 3의 샐러드와 구운 차돌박이를 담고 그라노파다노치즈가루를 뿌린 다
   음 오렌지 껍질을 올려 장식해요.

주전부리와 건강 음료

직장생활과 학업으로 몸과 마음이 지친 가족을 위해 자주 만들어두는 간식이 있다.

어릴 적 친정어머니가 즐겨 해주신 추억의 맛을 되살린

주전부리와 마실거리로 가족의 마음과 건강을 챙기곤 한다.

집에서 만들어 먹기 쉬운 주스와 건강 음료도 함께 소개한다.

* 주전부리와 건강 음료는 2인분 기준입니다.

노란콩검은콩두유

"6년 전, 일 때문에 서울로 올라와야 하는 바람에 주말
마다 떨어져 지내느라 걸러본 적 없는 남편 아침을 못
차려주게 됐지요. 이게 못내 마음에 걸려서 고민 끝에
진한 콩물로 아침식사를 해결했답니다. 만드는 방법
은 아주 간단해요. 이틀에 한 번씩 콩을 삶아 냉장실
에 넣어두고 매일 아침 믹서로 갈아 마시면 되거든요.
처음에는 귀찮아하던 남편이 콩물의 고소한 맛과 든
든하게 속을 채워주는 매력에 빠져 이제는 열심히 챙
겨 먹을 정도로 즐기는 아침 대용식이 됐어요."

준비하기

노란콩 · 검은콩 30g씩, 무지방 우유 500㎖

만들기

1. 노란콩과 검은콩은 흐르는 물에 씻어요.

2. 냄비에 콩과 동량의 물을 넣고 푹 삶아요. 콩이 덜
   익으면 비린내가 나니 먹어봤을 때 쉽게 부서지
   는 정도로 익히세요.

3. 콩이 푹 익으면 믹서에 무지방 우유와 같이 넣고
   곱게 갈아요.

인절미와 사과배꿀조림

"우리 아이들한테는 어릴 때부터 피자보다 떡을 많이
먹였어요. 노란 콩고물을 듬뿍 묻힌 인절미를 특히
좋아했지요. 하지만 맛있는 음식도 자주 먹으면 물리
는 법. 영양가도 높이고 아이들 입맛도 살리고 싶어
사과꿀조림을 만들어 뿌려 줬더니 떡을 먹을 때 뻑
뻑한 목 넘김도 없고 과일의 달콤한 맛이 더해져 인기
만점이었답니다."

준비하기
인절미 2인 분량, 사과 · 배 ½개씩, 꿀(또는 설탕) · 레몬즙 약간씩

만들기
1. 사과와 배는 껍질을 벗겨 믹서에 곱게 갈아요.

2. 냄비에 1과 동량의 꿀을 넣고 약한 불에서 끓이
   세요.

3. 바닥에 눌어붙지 않도록 계속 저어가며 원하는
   농도가 될 때까지 끓인 뒤 레몬즙을 섞어요. 레몬
   즙을 넣으면 사과의 갈변을 막고 신선한 맛이 오
   래 유지돼요.

4. 그릇에 콩가루가 듬뿍 묻은 인절미를 담고 3의 사
   과배꿀조림을 끼얹어요.

단호박수프

"달콤하고 든든한 단호박수프는 건강 간식으로 그만
이지요. 찹쌀가루를 넣어 만든 단호박죽과는 또 다
른 맛을 즐길 수 있어요. 물을 좀 더 넣고 꿀이나 설
탕을 섞으면 추운 날 호호 불며 마시기 좋은 단호박
수프가 된답니다."

준비하기
단호박 500g, 꿀(또는 설탕) 약간, 물(또는 우유) 적당량

만들기
1. 단호박은 껍질과 씨를 제거하고 듬성듬성 썰어
   요.

2. 냄비에 단호박과 물을 넣고 중불에서 30분쯤 끓
   이다가 약불로 낮춰 뜸을 들인 뒤 믹서에 곱게 갈
   아요.

볶아 먹는 칠곡 땅콩

"조금만 부지런하면 가족들에게 건강하고 맛있는 간식을 먹일 수 있어요. 볶은 땅콩은 정말 쉽게 준비할 수 있는 영양 간식이지요. 경상북도 칠곡에서 재배한 생땅콩을 주문해 팬에 볶아 먹곤 하는데요. 사 먹는 땅콩과는 비교할 수 없을 만큼 아주 고소하답니다."

준비하기
생땅콩 적당량

만들기

1. 달군 팬에 땅콩을 넣고 볶아요.

2. 처음에는 센 불로 볶다가 중불로 줄이고 나중에는 약불로 볶으면 돼요. 5~7분 정도 볶으면 적당하답니다.

*볶을 때 많이 타지 않게 부지런히 손을 움직이세요. 껍질은 타지만 땅콩 알맹이는 괜찮답니다.

바삭바삭 호두강정

"팬에 꿀을 넣고 약불에 올려 자글자글 끓으면 호두를 넣어 버무린 뒤 한 김 식혀 밀폐용기에 담아 냉장실에 넣어두세요. 과자처럼 바삭한 호두강정이 된답니다. 한 번에 넉넉히 만들어놓고 어른은 물론 공부하는 아이들 영양 간식으로 챙겨 주세요."

준비하기
호두 · 꿀(또는 물엿) 적당량씩

만들기
1. 팬에 꿀을 넣고 아주 약한 불에 끓여요.

2. 기포가 올라올 정도로 끓으면 호두를 넣고 뒤섞어가며 약불에서 5분 정도 볶아요.

3. 호두를 한 김 식힌 뒤 밀폐용기에 담아 냉장실에 보관해요.

멸치아몬드강정

"멸치와 견과류를 섞어 만든 고소하고 바삭한 영양 간
식이에요. 밥반찬이나 술안주로 먹어도 그만이지요.
중멸치를 쓰면 시판 멸치스낵처럼 즐길 수 있어요."

준비하기
잔멸치 50g, 아몬드 25g, 물엿(또는 꿀) 3작은술, 올리브유 1작은술,
통깨 약간

만들기
1. 잔멸치는 체에 쳐서 이물질을 제거해요.

2. 팬에 올리브유를 두르고 멸치를 넣어 바삭바삭
   할 정도로 볶아요.

3. 여기에 아몬드와 물엿을 넣고 버무리며 볶아요.

4. 아주 약한 불에서 멸치와 아몬드가 과자처럼 바
   삭할 정도로 천천히 한 번 더 볶으세요.

5. 통깨를 뿌리고 가볍게 섞어요.

6. 5가 한 김 식으면 동그랗게 뭉쳐 굳힌 뒤 밀폐용
   기에 담아 냉장실에 보관해요.

토마토주스

"토마토가 빨갛게 익으면 의사 얼굴이 파래진다고 하지요. 그만큼 영양이 가득한 토마토를 이용한 주스예요. 믹서에 갈아 아침식사 대용으로 마시거나 손님 접대할 때도 내놓기 좋지요. 일 때문에 집을 비웠을 때 남편 아침이 걱정되어 직접 만들어 먹으라고 방법을 가르쳐줬는데, 지금은 남편이 도맡아 만드는 우리 집 모닝주스가 됐어요. 요즘은 토마토 가는 소리를 들으며 여유롭게 아침을 맞이한답니다."

준비하기
토마토 3개

만들기

1. 토마토는 물에 씻어서 듬성듬성 썰어요.

2. 냄비에 토마토를 넣고 중불로 5분 정도 끓이다가 약불로 은근하게 20분 정도 끓여요.

3. 토마토가 뭉그러질 정도로 익으면 한 김 식혀서 믹서에 곱게 갈아요.

블루베리주스

"베리류에 항산화 성분이 풍부하다고 하죠. 블루베리는 제철에 사서 갈아 마시는 게 가장 좋지만 쉽게 구할 수 없을 때는 냉동 블루베리를 이용해도 좋아요."

준비하기
냉동 블루베리 30g, 물 500㎖, 꿀 적당량

만들기
1. 믹서에 냉동 블루베리와 물, 꿀을 넣고 갈아요.

2. 블루베리는 갈아두면 부풀어 오르는 성질이 있으니 갈아서 즉시 마시는 게 좋아요. 블루베리주스를 보관할 때는 병에 담아 냉장실에 넣어두고 먹기 전 꼭 흔들어 섞으세요.

249

볶은메밀차

"구수한 맛이 좋은 메밀차는 항산화 성분이 풍부하고 체기를 가시게 하는 효과가 있지요. 성질이 차다고 알려진 메밀은 볶아서 이용하면 어떤 체질과도 잘 맞아서 따뜻한 차로 마셔도 좋고 냉장고에 넣어두고 시원하게 마셔도 좋아요."

준비하기
메밀 30g, 물 600㎖

만들기
1. 메밀은 물에 씻어 체에 건져 물기를 빼요.

2. 달군 팬에 메밀을 넣고 볶아요.

3. 볶은 메밀을 뜨거운 물에 우려서 마셔요.

우엉차

"우엉은 몸의 대사와 해독, 배출을 돕는 뿌리채소예요. 특히 혈관 속 콜레스테롤과 지방을 빼주는 효과가 뛰어나고, 인삼에도 들어 있는 사포닌 성분이 가득하지요. 단, 차가운 성질을 지녀 추운 겨울이나 평소 몸이 냉한 사람은 많이 마시지 않는 게 좋답니다."

준비하기
우엉 4g, 물 1ℓ

만들기
1. 우엉은 적당히 얇게 썰어요.

2. 팬에 우엉을 넣고 색깔이 잘 나도록 볶아요. 볶는 대신 바람이 잘 통하고 햇빛이 드는 곳에 말려도 좋아요.

3. 냄비에 우엉과 물을 넣고 진한 커피색이 돌 때까지 끓여요.

콩차

"콩차는 노란콩이나 검은콩을 볶아서 끓이면 되니 만들기가 아주 쉬워요. 콩을 씻어 체에 건져 물기를 뺀 다음 팬에 바싹 볶아 간식으로 먹거나 뜨거운 물을 붓고 우려서 차처럼 마셔보세요. 고소하고 담백한 맛에 자꾸 손이 갈 거예요."

준비하기
노란콩 · 검은콩 15g씩, 물 500㎖

만들기
1. 콩은 흐르는 물에 씻어 체에 밭쳐 물기를 빼요.

2. 냄비에 콩을 넣고 고소한 냄새가 날 때까지 볶다가 물을 붓고 끓여요.

3. 물이 끓으면 콩 껍질이 벗겨지는데 그때 구수한 맛이 우러난답니다.

뽕잎차

"뽕잎은 혈당을 조절하고 우리 몸의 항상성 유지에 도움이 되는 엽록소가 풍부하게 들어 있죠. 뽕잎차는 체내 중금속을 배출시키고, 콜레스테롤 수치를 낮추며, 동맥경화 예방에도 도움이 돼요. 특히 식이섬유가 풍부해 장 건강에 좋고, 췌장 세포가 인슐린을 배출하도록 도와 당뇨 예방에도 효과적이랍니다."

준비하기
말린 뽕잎 10~15g, 물 2~3컵

만들기

1. 잘 말린 뽕잎을 비닐봉지에 넣고 잘게 부수어요.

2. 뜨거운 물에 1의 뽕잎을 넣고 우리거나 은근한 불에 달여 차로 마셔요.

MERRY
CHRISTMAS!
홍미애의 크리스마스 데커레이션

나에게 크리스마스 시즌은 11월 초부터 시작된다.

크리스마스가 훌쩍 지나가버리는 것이 아쉽기도 하고,

정성 들여 꾸민 크리스마스 장식을 오래 두고 보려는 마음에서다.

크리스마스를 위해 외국 출장 중에도

여러 가지 크리스마스 소품을 구입하는 것을 잊지 않는다.

그 덕에 내 소품 수납장에는 그릇은 물론 다양한 오너먼트와 리본이 가득 차 있다.

[크리스마스 데코의 기본은 트리]

늘 같은 트리와 오너먼트, 볼을 사용하지만, 매년 다른 분위기를 내는 방법이 있
다. 바로 오너먼트를 다는 리본에 변화를 주는 거다. 갖가지 리본을 활용해 가장
위쪽은 크고 가벼운 것을 달고 밑으로 내려오며 볼의 수를 더 늘려 단다. 캐럴을
흥얼거리는 나의 손끝은 정신없이 바빠진다.

[스퀘어 트레이와 오너먼트]

크리스마스트리가 부담스럽다면 오너먼트와 데코 볼을 위한 간단한 테이블 데코 방법이 있다. 먼저 널찍한 직사각형 트레이에 시판하는 눈가루를 뿌리고 가지고 있는 오너먼트를 올려 보자.

크리스마스에는 온 가족이 모여 식사하며 즐거운 시간을
갖는다. 크리스마스 디너 테이블은 스틸 크라운과 오너먼
트, 캔들로 완성하는데, 화려하면서 따뜻한 분위기가 연
출된다.

[분위기를 더하는 캔들 데코]

캔들 여러 개를 두면 아기자기한 분위기를 내기 좋다. 키가 큰 캔들은 맨 뒤에 두고 중간 크기 캔들, 키가 작은 캔들 순으로 놓아두면 된다. 이때 캔들의 두께가 각기 달라야 데코 효과가 있으며 컬러도 다양하게 세팅하는 게 예쁘다. 초를 담는 받침대는 둥근형보다 정사각형이나 직사각형이 멋스럽다.

[크리스마스 티 테이블 세팅]

크리스마스 시즌에는 크리스마스 버전의 티 세팅을 한다. 라탄이나 철제 트레이에 패브릭 매트를 깔고 티나 쿠키를 올린 다음 볼이나 오너먼트를 함께 세팅하면 아기자기한 느낌이 물씬하다. 여기에 크리스마스 분위기가 나는 식물이나 캔들을 더하는 것도 좋다.

[내추럴 그린 리스]

시중에서 쉽게 구할 수 있는 리스에
싱그런 빛깔의 푸릇한
인조 나뭇잎을 꽂아보자.
여기에 어울리는 색깔의
리본테이프를 두세 가지 준비해
여러 번 길게 접어 풍성하게 묶어
리스 윗부분에 고정하면
훌륭한 장식 소품이 된다.

준비물

리스틀
인조 나뭇가지 2종류
글루건
리본테이프 2가지 컬러
철사

만들기

1. 인조 나뭇가지는 15cm 길이로 가지를 자른다.

2. 리스틀 틈에 가지를 하나씩 꽂고 글루건으로 고정한다. 이때 가지의 방향은 위, 잎의 방향은 아래로 향하게 한다.

3. 같은 방법으로 리스틀을 둘러가며 나뭇가지를 꽂는다.

4. 남은 가지나 잎사귀로 전체의 모양을 다듬는다.

5. 리본테이프는 2가지 컬러를 겹쳐 접어 리본을 만든 뒤 철사로 고정한다.

6. 리스의 상단 중앙에 리본을 붙인다.

1

2

6

[캔들과 새장]

새장과 캔들을 이용해 따뜻한
느낌이 전해지는 크리스마스
데코를 하는 것도 좋다.
테이블 한쪽에 놓거나 허전한
코지 코너에 놓아두면 공간에
분위기를 더한다.

준비물

새장
양초
인조 나뭇가지
빨간색 가죽끈

만들기

1. 나뭇가지는 적당한 길이로 잘라 새장 바닥을 둘러가며 장식한다. 새
   장 안에 양초를 넣는다.
2. 새장의 상단 고리에 가죽끈을 ∝ 모양으로 묶어 장식한다. 이때 리본
   은 길게 늘어지도록 넉넉하게 짓는다.

1

2

[GIFT BOX PACKING]

준비물

선물 박스
벨벳 리본테이프 · 오건디 리본테이프
인조 열매가지
글루건

만들기

1. 밑에는 오건디 리본테이프, 위에는 벨벳 리본테이프를 겹쳐 선물 박스를 + 자 모양으로 교차해 묶는다.
2. 선물 박스 비율에 맞춰 ∞ 모양으로 리본을 묶는다.
3. 인조 열매가지를 5㎝ 길이로 자르고 끝에 글루건으로 접착제를 바른다.
4. 리본 안쪽에 3을 고정해 붙인다.

혼자 알고 있기 아까운 홍미애의 단골집

FOOD

1. 예이제 갈비

유기농 식재료와 전통 발효식품으로 조리하는 한우갈비 전문점이다. 예이제 한정식이 가장 인기 메뉴로 맛집으로 소문난 곳. 한우 소고기는 육류 본연의 맛을 제대로 즐길 수 있으며, 양념갈비는 천연 재료로 만든 소스로 맛을 낸다. 특히 참숯으로 고기를 굽는 것이 맛의 비결. 꽃살, 안거미 등 쉽게 접하기 어려운 한우 부위를 맛볼 수 있어 더욱 인기다.

위치 부산시 해운대구 중동 1124–2 팔레드시즈 2층 2–16
문의 051–746–9933

2. 오아제 시푸드 뷔페

전 세계 여행자를 위해 발행하는 여행안내서인 〈미슐랭 그린가이드〉에 한국 음식점 최초로 가족과 함께 가기 좋은 식당으로 이름을 올린 곳이다. 음식 맛은 물론 실내 인테리어와 서비스까지 뛰어나다는 평. 최근에 새롭게 단장하며 웨딩홀까지 마련했다.

위치 부산시 중구 남포동 4가 37–1 자갈치시장 빌딩 5~6층
문의 051–248–7777

3. 일품 한우

해운대 한우 맛집으로 소문난 곳으로 가족 외식이나 손님 대접할 때 찾아가기 좋다. 전남 광양산 매실한우 생갈비가 유명하며, 하루 10점씩만 파는 상강 꽃갈비도 맛이 아주 좋다. 이 식당에서는 'e클릭 소고기 이력제'를 도입해 손님이 직접 고기의 품질과 이력을 확인하고 메뉴를 고를 수 있다.

위치 부산시 해운대구 우동 626–11
전화 051–747–9900

4. 이레옥

24시간 언제든지 한우곰탕을 즐길 수 있는 맛집으로 특히 몸이 지쳤을 때 들르면 잃은 입맛을 살려준다. 구수하고 시원한 국물 맛도 일품이지만 김치와 깍두기도 맛있고, 풋고추에 찍어 먹는 투박한 시골 된장도 입에 착 붙는다. 광안대교가 보이는 바다 앞에 위치하여 눈으로 호사를 누리며 식사를 즐길 수 있다.

위치 부산시 해운대구 우동 1436–1
문의 051–742–6421

5. 더포 베트남 쌀국수

매일 먹는 집밥이 지겨울 때나 비가 오는 날 찾으면 좋은 쌀국수 전문점으로 시원한 국물 맛이 일품이다. 부산에서 시작된 베트남 요리 전문점으로 깔끔한 인테리어에 베트남 특유의 분위기가 잘 어우러져 여자 손님들에게 특히 인기다.

위치 부산시 해운대구 우2동 1458 인텔리움 센텀 101호
전화 051–747–8056

6. 옵스 제과

부산 토종 베이커리 브랜드인 옵스는 세계 각지에서 재료를 공수해 사용하며, 전통 제빵 기법에 따라 빵과 케이크를 만든다. 옵스 카멜리아점은 시원하게 탁 트인 테라스가 마련돼 특히 여름에 인기가 좋은데, 테라스 카페에서는 오렌지, 자몽 등 100% 생과일주스도 즐길 수 있다. 인기 메뉴는 애플파이, 치즈만주, 키슈, 천연효모빵, 왕슈크림, 팥빙수 등.

위치 부산시 해운대구 마린시티 1로 167 우동 카멜리아 상가 132호
전화 051–743–1950

7. 카페 코이노니아

맛있는 커피가 생각날 때 자주 들르는 카페. 아주 작지만 가족 같은 분위기라 커피를 좋아하는 딸아이와 즐겨 찾는 곳이다. 특이한 메뉴로는 아보카도를 갈아 만든 아보카도셰이크. 겨울에는 주인장이 직접 담근 무방부제 · 무보존제 허니자몽청을 판매하기도 한다.

위치 부산시 수영구 광안1동 1055-88번지 1층
전화 010-7799-4608

8. 맘스 앤 쿠킹

건강한 수입 식재료를 구입할 수 있는 곳. 처음 보는 수입 식재료를 조리하는 법, 다양하게 활용하는 법을 알려줘 초보 주부나 외국 요리에 서툰 주부에게 좋을 듯하다. 식재료 외에 감각적인 디자인의 식기와 조리 도구 등도 판매한다.

위치 서울시 양천구 목동 128-27 102호
문의 02-2649-1256, www.momsncooking.com

9. 장안요

도예가 신경균 작가가 빚은 건강한 생활 도자기를 만날 수 있는 곳. 신경균 작가의 그릇은 멋스러우면서 그윽함이 느껴져 무게감 있는 식탁을 완성하고 싶을 때 그만이다.

위치 부산시 기장군 장안읍 하안장1길 24
전화 051-727-6647

10. 제일상회

우리 집 식탁에 올라오는 미역, 멸치, 다시마, 새우, 오징어, 한치는 죄다 이곳에서 구입한다. 품질 좋은 것을 골라 깨끗하게 건조해 믿고 사 먹을 수 있는 곳이다.

위치 부산시 중구 남포동 5가 92 신동아시장 2층
문의 051-246-4633, 4688

1. 마리아쥬 드 미에

내가 직접 운영하고 있는 토털 라이프스타일 숍이다. 집을 콘셉트로 내부를 꾸미고 각각의 공간에 필요한 가구와 패브릭 제품, 캔들, 인테리어 소품, 목욕용품 등을 자연스럽게 전시해 판매하고 있다. 또한 인테리어와 파티 및 케이터링 컨설팅도 진행한다. 부산 본점과 청담점을 운영 중인데, 청담점에는 카페 겸 레스토랑이 나란히 있어 부담 없이 들러 차를 마시며 숍을 둘러보기 좋다.

위치 해운대본점 부산시 해운대구 중1동 1124-2 팔레드시즈 2층 8~9호
　　　청담점 서울 강남구 청담동 96-13
문의 해운대본점 051-743-7563, 청담점 02-543-4689

2. 칼론 플라워 샵

꽃이 필요할 때 종종 들르는 해운대 마린시티에 위치한 플라워 숍이다. 영국과 프랑스에서 다양한 플라워 스페셜 과정을 수료한 플로리스트가 운영하는 곳으로, 클래식한 분위기의 영국식 스타일링과 내추럴한 프랑스 감성의 플라워 스타일링을 선보인다. 선물용 꽃다발부터 파티용 스타일링까지 가능하며 꽃꽂이 강의도 진행한다.

위치 부산시 해운대구 우동 1432
문의 051-752-7235, www.kalon.kr

3. 메종드 실비

홈 데코 아이템으로 가득 찬 곳으로 주인장이 직접 덴마크, 프랑스, 영국, 미국 등지를 돌며 제품을 들여온다. 그중 덴마크 인더스트리얼 가구 브랜드인 마담스톨츠의 가구와 소품을 국내 독점으로 선보이고 있다. 철제 화병부터 쟁반, 의자, 테이블 등 다양한 제품군을 다루는 곳으로, 미국과 유럽의 16개 리빙 브랜드의 제품을 두루 만나볼 수 있다.

위치 서울시 강남구 청담동 21-8 2층
문의 02-518-2220, www.maisondesylvie.com

FASHION

1. 드 미에

딸 예원이가 운영하는 패션숍이다. 파리, 이탈리아에서 수입한 고급 원단으로 직접 제작한 블랙라벨 라인과 마리아쥬 드 미에의 보디 용품도 판매한다. 온라인 쇼핑몰도 운영하고 있는데, 오프라인 매장보다 부담 없는 가격의 제품을 만날 수 있다.

위치 부산시 해운대구 우1동 1410 트럼프월드 마린 제C동 110호
문의 051-747-7734, www.demie.co.kr

2. 압구정 빠체

감각적인 패션 아이템을 선보이는 이탈리아 직수입 · 직바잉 편집매장이다. 편하게 신기 좋은 로퍼부터 슬립온까지 국내에서 찾아보기 힘든 디자인을 쉽게 구할 수 있어 즐겨 찾는다. 온라인 숍에서도 제품 구입이 가능하다.

위치 서울시 강남구 신사동 665-8 1층
문의 02-3443-1147, pace6658.com

3. 씨엘 블루 웨딩

프랑스어로 '푸른 하늘'이라는 뜻의 이름처럼 과하지 않은 화려함과 유러피언 감성의 디자인으로 눈길을 끄는 웨딩드레스 전문점. 결혼을 준비하는 지인이나 손님들에게 적극 추천하는 곳이다.

위치 부산시 해운대구 달맞이길 16-16 1층
문의 051-747-0200

ETC.

로얄코펜하겐

덴마크를 상징하는 문화유산으로 200여 년이 넘는 긴 역사를 자랑하는 세계 최고의 도자기 브랜드 중 하나다. 줄리안 마리 황태후의 후원으로 1775년에 왕실 도자기 브랜드가 되었다. 뛰어난 공예술을 자랑하는 플로라 다니카와 1197번의 붓질을 요한다는 플루티드가 걸작으로 손꼽힌다.

www.royalcopenhagen.com

알로

전통적인 수작업 방식으로 프랑스 루이 왕조 시대에 탄생한 클래식한 프렌치 스타일의 가구를 만드는 곳이다. 의자, 테이블, 코모도, 옷장, 책장, 침대, 거울 등 화려하고 아름다운 작품들을 선보인다.

fresh-furniture.freres-allot.com

홍미애의 **집** 그리고 **살림**

1판 1쇄 발행 2014년 11월 28일
1판 2쇄 발행 2015년 4월 20일

지은이　홍미애

발행인　양원석
본무장　김재현
편집장　황혜정
책임 편집　차선화

디자인　onmypaper 정해진
사진　Studio etc. 한정수
기획·진행　이윤정
교정·교열　심영미
해외저작권　황지현, 지소연
제작　문태일, 김수진
영업·마케팅　김경만, 정재만, 곽희은, 임충진, 이영인, 장현기, 김민수, 정상희,
　　　　　　임우열, 윤기봉, 송기현, 우지연, 정미진, 이선미, 최경민

펴낸 곳　㈜알에이치코리아
주소　서울시 금천구 가산디지털2로 53, 20층(가산동, 한라시그마밸리)
편집문의　02-6443-8861
구입문의　02-6443-8838
홈페이지　www.rhk.co.kr
등록　2004년 1월 15일 제2-3726호

ISBN　978-89-255-5464-8 13590